AF305348

DE L'ÉDUCATION

DES CHEVAUX

EN FRANCE.

PARIS, IMPRIMERIE DE DECOURCHANT,
Rue d'Erfurth n° 1, près l'Abbaye.

DE L'ÉDUCATION
DES CHEVAUX

EN FRANCE,

OU

CAUSES DE L'ABATARDISSEMENT SUCCESSIF DE LEURS RACES, ET DES MOYENS A EMPLOYER POUR LES RÉGÉNÉRER ET LES AMÉLIORER.

PAR A. DE ROCHAU,

Ancien Officier supérieur de cavalerie, et fondateur d'un Bazar de chevaux.

A PARIS,

A LA LIBRAIRIE DU COMMERCE, CHEZ RENARD,
RUE SAINTE-ANNE, N° 71;
ET CHEZ L'AUTEUR, RUE GAILLON, N. 19.

—

1828

LES

CHEVAUX FRANÇAIS.

INTRODUCTION.

Au nombre des résultats dus au développement
rapide pris par l'industrie et les sciences depuis la
restauration, il faut mettre en première ligne les améliorations introduites dans toutes les parties de l'a-
griculture, et il est juste d'avancer et de proclamer
qu'elle les doit en partie à l'intérêt particulier avec
lequel le gouvernement du Roi s'en est occupé. Par
des encouragemens sagement distribués, quoique in-
suffisans, il a relevé cette branche importante de l'é-
conomie politique, momentanément assoupie par les
guerres désastreuses de l'empire. Déjà des résultats
précieux ont récompensé cette sollicitude. Sans doute
la France est encore tributaire de quelques nations
voisines pour certains produits de leur sol et de leur
industrie, sans doute l'Angleterre, par l'immense développement de sa puissance maritime, se trouve
en possession de la plus grande partie du commerce
du monde connu; mais la prospérité toujours crois-
sante de notre nation, l'influence politique et commerciale qu'elle a acquise dans ces derniers temps,
nous font espérer que bientôt elle atteindra et sur-
passera peut-être ses rivales; et alors elle devra re-
porter ses regards reconnaissans vers le souverain,

qui en est l'auteur. De la restauration, en effet, date en France cette tranquillité qui a permis au génie de la nation de s'exercer avec tant de succès dans les sciences, dans les arts et dans le commerce. Aussi, depuis ce temps, chaque jour voit-il naître une nouvelle branche d'industrie ou un nouveau procédé de perfectionnement pour celles qui existent déjà.

La protection connue que le gouvernement accorde à tout ce qui tend à accroître la prospérité nationale, nous fait espérer son approbation dans un travail dont le but est de diriger l'attention d'une partie des propriétés vers une branche d'industrie qui, quoique déjà relevée par de nobles et nombreux encouragemens, est encore trop négligée pour en espérer de long-temps des résultats satisfaisans. Nous voulons parler de l'éducation des chevaux.

L'amélioration des races des chevaux en France a un rapport trop intime avec l'état militaire, l'industrie et le commerce, pour ne pas mériter une attention particulière du gouvernement. Aussi lui fut-elle acquise sous le feu roi, et si les résultats n'ont pas encore répondu aux soins et aux dépenses qui furent accordées pour cet objet, il faut moins en attribuer la cause à l'insuffisance de ces moyens qu'au défaut de connaissances spéciales chez les propriétaires ruraux.

Beaucoup de personnes plus ou moins instruites ont écrit sur cette branche importante de l'industrie nationale, mais nul n'a présenté une théorie plus solide, jointe à une expérience plus éprouvée, que M. J.-B. Huzard, dans un ouvrage qu'il publia, il y

a vingt-cinq ans, par ordre du gouvernement con-
sulaire. Plus que tout autre, ce savant auteur était
à portée de juger l'état dans lequel l'éducation des
chevaux se trouvait en France, et d'indiquer, en les
consacrant par l'autorité de ses vastes connaissances
et de sa longue expérience, les moyens d'en régénérer et améliorer les races. Cet ouvrage, estimé
par ceux qui le connaissent, et demandé en vain par
ceux qui savent y devoir trouver un guide sûr, a
depuis long-temps disparu du commerce et ne se
trouve que dans les mains d'un petit nombre de personnes, qui y puisent des leçons utiles à leurs pays,
et profitables à leurs intérêts particuliers.

Bien que nous soyons très-éloigné de partager
tous les principes émis alors par M. Huzard, nous
sommes convaincu qu'il était impossible d'écrire à
cette époque avec plus de réserve et de modération
que ne l'a fait cet homme estimable, dans un ouvrage où il fallait attaquer avec force les vices des
institutions passées, en proposant les moyens d'y porter remède. Nous avons retranché, dans les articles
que nous avons empruntés à son ouvrage, tout ce
qui pourrait blesser aujourd'hui, et nous nous bor-
nons à présenter au public un mémoire dans lequel nous avons réuni ce qui nous a paru être utile
à l'instruction de ceux qui se trouvent en position
de s'occuper avec succès de l'éducation des chevaux,
et propre à exciter l'émulation patriotique parmi les
grands propriétaires ruraux, et à détruire des préjugés que les nations voisines ont soin d'entretenir pour
leur intérêt propre. Nous sommes persuadé qu'en

1.

suivant la marche lente, mais sûre, que nous proposons, marche qui est fondée sur l'expérience et la
connaissance approfondie de la situation physique et
géographique de la France actuelle, ses habitans
parviendront indubitablement à n'avoir plus rien à
envier aux nations européennes les plus renommées
par leurs chevaux, et à élever sur leur propre sol
des chevaux convenables à l'agriculture et aux besoins du luxe et de l'armée, sans avoir recours à des
voisins auxquels ils paient vingt millions pour ce
seul objet.

CHAPITRE PREMIER.

CAUSES SUCCESSIVES DE LA DÉGÉNÉRATION DES CHE-VAUX EN FRANCE.

TANT que les gentilshommes des siècles passés gardèrent religieusement l'usage d'habiter leurs terres et d'y entretenir un grand nombre de chevaux, afin d'être toujours prêts à répondre avec leurs vassaux à l'appel du souverain, et qu'ils furent dominés par leurs goûts pour la chasse, les tournois, les carrousels, les cavalcades et tout autre exercice de cheval, ils s'appliquèrent particulièrement à élever de beaux et bons chevaux, et chacun mit une très-grande importance à connaître les moyens de conserver pures et sans mélange les races des chevaux français, estimées et recherchées de toutes les autres nations.

Lorsque la politique du cardinal de Richelieu donna le change à l'ambition des grands seigneurs, en lui offrant pour objet les faveurs du monarque, la plus grande partie d'entre eux échangèrent la demeure de leurs châteaux pour celle de la cour, et donnèrent leurs propriétés à des fermiers ou à des intendans. Ces derniers, moins intéressés à donner des soins particuliers aux haras à eux confiés, qu'à faire une fortune rapide, négligeaient l'éducation des chevaux. Colbert, qui jugea quel préjudice résulterait pour l'État si l'on ne s'empressait pas de relever cette branche de l'agriculture, prit des mesures aussi sages qu'efficaces, et parvint à rétablir les haras, sans charger l'État des frais d'une administration dispendieuse. La réussite aurait été plus complète et les avantages pour la nation plus considérables, si les guerres de cette époque n'y avaient point opposé des obstacles insurmontables : elles nécessitèrent l'achat d'une immense quantité de chevaux et l'exportation de cent millions de francs à l'étranger. Le gouvernement qui succéda à celui de Louis XIV, plus occupé des moyens de se maintenir pendant la minorité du jeune roi, que du bien de l'État et de la prospérité publique, abandonna l'administration des haras à des hommes incapables de suivre la route que leurs prédécesseurs avaient tracée, et par laquelle ceux-ci avaient conservé les races pures en Normandie, en Bretagne et en Limousin, etc. Aussi, soit par le défaut des connaissances nécessaires, soit par l'insuffisance des fonds que le gouvernement de la régence, toujours obéré, accordait à cette branche d'industrie, l'administration de ce temps-là contribua-t-elle encore puissamment à dégoûter les particuliers et à les empêcher de se livrer avec succès à l'éducation des chevaux purs ; ce fut aussi à cette époque que la mode s'introduisait en France de se servir de chevaux anglais pour le carrosse et la selle.

Sous Louis XV et Louis XVI l'administration des haras étant divisée entre différentes administra-

tions, une partie était confiée au ministre de la
guerre, qui l'abandonnait aux intendans; une seconde partie se trouvait dans les attributs du grand
écuyer, et était dirigée par des administrateurs particuliers, indépendans des intendans de province, et
par conséquent toujours entravés par eux dans les
moyens qu'ils auraient pu employer pour les faire
prospérer; une troisième partie se trouvait affectée
à celles des provinces du royaume qui possédaient
le privilége d'administrer elles-mêmes leurs haras;
et si ce n'était pas chez elles qu'on élevait les plus
beaux chevaux, elles surpassaient au moins en nombre toutes les autres; la Normandie seulement tirait
de la Bretagne, année commune, vingt mille poulains, qu'elle revendait à quatre et cinq ans comme
chevaux de sa province. Toutes ces différentes administrations, loin d'exciter une émulation profitable à la prospérité nationale, contribuèrent au contraire, par leurs jalousies, à priver les provinces de
leurs belles races indigènes, pour les remplacer par
des métis étrangers.

Les différentes administrations des haras en France
envoyaient des agens en Angleterre pour y acheter
des chevaux qu'on croyait propres à régénérer et à
améliorer nos races. La cour, atteinte, comme les
particuliers, de l'anglomanie, en envoyait également
pour y acheter des chevaux pour son propre usage.
Bientôt ces agens furent chargés de s'y fixer entièrement; ce furent eux qui, pour conserver des pla-
ces si lucratives, accréditèrent généralement le faux
principe de la régénération des races en France par

des étalons anglais, et c'est à ce principe qu'il faut attribuer en partie la dégénération de l'espèce en France.

On ne réfléchissait pas assez que, pour régénérer la race des chevaux, il fallait, au lieu d'introduire des chevaux métis étrangers, perfectionner nos races indigènes et les croiser avec des races pures. Le préjugé en faveur des Anglais rendait alors singulièrement aveugle; ainsi on amenait en France des haras entiers achetés en Angleterre; ainsi, un Français payait dix-sept cents guinées un cheval de course qu'il fut contraint de céder sur le marché aux chevaux pour la faible somme de trois louis, après s'être bien convaincu qu'il ne pourrait en résulter aucune production passable, et après avoir perdu contre son vendeur anglais, au fait des moyens du cheval, un pari de mille louis. Ainsi, on négligea d'acheter, pour la somme de vingt-quatre mille francs, un des plus beaux chevaux arabes qu'on ait jamais vus en France, lequel fut livré au roi de Prusse pour la somme de dix mille écus, et, par plus de quinze cents productions données en douze ans à ce pays, devint la souche des beaux chevaux de Neustadt. A la même époque le gouvernement employait deux millions et demi pour l'entretien des haras, et cependant on faisait moins de chevaux que jamais. Ce fatal préjugé existe malheureusement encore, et il se maintiendra tant que les modes anti-patriotiques qui nous rendent tributaires de nos voisins seront propagées par les hautes classes de la société.

Qu'on ajoute à ces faux principes une organisation

défectueuse de l'administration des haras, les abus
qui s'y étaient introduits, des priviléges despotiques
en faveur des garde-étalons, priviléges qu'on ne pouvait éluder que par des sacrifices, des difficultés sans
nombre, qui forçaient le cultivateur à abandonner l'é-
ducation des chevaux, et on se persuadera aisément
qu'il était de la plus urgente nécessité d'introduire
une réforme totale dans l'administration des haras, si
on voulait prévenir un abâtardissement général des
chevaux français. Au lieu de porter remède au danger qui menaçait cette partie importante de l'industrie nationale, la révolution vint lui porter le dernier coup, et la frapper d'un anéantissement total. A
cette malheureuse époque, où toutes les classes de
la société étaient bouleversées, où toutes les fortunes
étaient ébranlées ou anéanties, où chacun ne pensait
qu'à assurer sa propre conservation et celle de sa
famille, l'éducation des chevaux fut entièrement négligée. Les haras du gouvernement et des nobles furent livrés au pillage; les propriétaires, les cultivateurs, excédés de réquisitions continuelles, se virent
bientôt dans la triste nécessité, pour éviter une ruine
totale, de se défaire à tout prix de leurs chevaux de
choix, et de les remplacer par d'autres individus
tarés et assez défectueux pour qu'ils fussent incapables de faire le service des armées.

Instruit par l'expérience, le cultivateur, à cette
époque, évitait avec soin d'élever un cheval passable;
il s'attachait de préférence à ceux de rebut; on le
voyait faire couvrir des pouliches par des poulains,
long-temps avant que les uns et les autres eussent ac-

C'est donc au gouvernement à prendre les mesures qu'il jugera dorénavant efficaces pour produire
ce résultat heureux; nous nous bornerons à émet-
tre notre opinion à cet égard, sans autre ambition que celle de contribuer au bien-être national
et à la gloire du pays.

CHAPITRE II.

MOYENS D'INSPIRER A TOUS LES DÉPARTEMENS SUS-
CEPTIBLES D'ÉLEVER DES CHEVAUX, LE GOUT D'A-
MÉLIORER LES RACES.

Le moyen d'arriver à la régénération des races de chevaux en France ne consiste pas seulement à multiplier l'introduction des races étrangères, mais plus particuliérement encore à perfectionner, autant qu'il sera possible, les races indigènes utiles, et il n'en existe pas qui ne le soient sous quelques points de vue d'économie. Il est donc important par consé-quent de perfectionner et de multiplier toutes nos ra-ces de chevaux :

1° Pour que leur nombre et leurs qualités soient en proportion avec les besoins de l'agriculture, de l'ar-mée, du commerce et de tout autre besoin de l'Etat;

2° Afin de faire cesser l'importation effrayante des chevaux étrangers, qui enlève annuellement des som-mes énormes à la circulation en France.

3° Pour rétablir l'exportation, et faire rechercher les chevaux français par les nations étrangères, comme ils l'ont été autrefois.

Afin de parvenir à ces trois points si essentiels à la prospérité nationale, nous croyons qu'il serait im-portant et même indispensable :

1° De n'admettre que des chevaux français dans les écuries de la cour et dans la cavalerie de la garde royale ;

2° De favoriser et d'encourager l'introduction des étalons des pays méridionaux ;

3° De prohiber les chevaux anglais de luxe, et d'imposer plus fortement ceux des autres pays étrangers;

4° De guider les cultivateurs par des conseils et par des exemples, pour élever et améliorer avec succès les races françaises.

Dans tous les temps la cour a dicté en France la mode; elle reprendra ses droits dans une tâche aussi honorable, et l'exemple du monarque influera salutairement sur les autres classes de la société. La France possède, comme nous l'avons dit déjà, des chevaux qui, bien choisis, ménagés jusqu'à l'âge de cinq ans accomplis, égalent en beauté les plus estimés de l'Angleterre, et les surpassent certainement en qualité. Leur nombre, encore limité, s'accroîtra promptement si les hautes classes, les particuliers riches, ne préfèrent plus à un beau cheval indigène, un cheval de qualité médiocre, mais qui a l'avantage, aujourd'hui inappréciable, d'être né en Angleterre, et qu'on paie, par rapport à cela, le double et le triple de la valeur du premier.

Nous avons été personnellement à même de voir jusqu'à quel point va l'aveuglement ou plutôt la partialité, et à quel degré sont poussés le préjugé et la tyrannie que la mode exerce sur le caractère français. Nous avons vu maintes fois dédaigner, à un prix très-raisonnable, le plus beau cheval normand, et préférer, à un prix infiniment supérieur, un de ces chevaux mous et de mauvais pieds dont on inonde la capitale et la France entière, sous le nom de chevaux du Mecklenbourg, et qui ne sont en majeure partie que des productions informes de la Belgique, de la Hollande et de l'Ostfrise. Cette même préférence, dans un degré supérieur, existe pour les chevaux anglais et allemands, et nous pouvons certifier qu'excepté un très-petit nombre de chevaux anglais qui ont été amenés en France par quelques particuliers ou par M. Cremieux, marchand de chevaux, la plupart des autres, que d'autres marchands français on anglais font venir en si grand nombre, et qui trouvent leurs acheteurs, quel qu'en soit le prix, sont plus on moins tarés et hors de cours en Angleterre. A l'égard des chevaux du Mecklenbourg, c'est pire encore, car tous ceux qui connaissent ce pays et ses belles productions savent que toutes sont achetées par les souverains et les personnes opulentes des pays du nord, à des prix très-élevés, et auxquels aucun marchand français ne trouverait son compte. Tous ceux que l'on amène ne sont que des chevaux réformés et achetés des juifs de Strelitz et de Dessau.

Si nos principes sont adoptés, et que nos princes encouragent par leur propre exemple l'éducation des chevaux indigènes; si le gouvernement exige, des fournisseurs pour la garde royale, de ne livrer que des chevaux français; si les dépôts de remonte de la cavalerie ne reçoivent plus vingt chevaux étrangers sur un né en France, comme cela se fait aujourd'hui, ainsi que nous nous en sommes convaincu par nos propres yeux; cette protection de l'industrie nationale fera naître une émulation qui, nous en sommes persuadé, produira des résultats immenses, et déterminera une grande quantité de personnes riches à renoncer à leurs anciens préjugés, et à contribuer, en s'appliquant à l'amélioration de nos races, à la prospérité nationale.

Malgré toutes les preuves que l'expérience nous a fournies et nous fournit encore journellement, que les races françaises ne seront améliorées que par le croisement avec des étalons des pays méridionaux, et particulièrement avec des chevaux arabes, barbes et turcs, puisque l'introduction des jumens de ces mêmes contrées n'a pas répondu suffisamment aux avantages qu'on en espérait, il y a encore un grand nombre de personnes, au reste très-éclairées, qui s'obstinent à vouloir régénérer les races françaises par des jumens et des étalons anglais, et qui dédaignent absolument ceux desquels seuls nous devons attendre cet heureux résultat; elles ne veulent pas comprendre que l'Angleterre n'est parvenue à un si haut degré de prospérité dans cette branche de son industrie, qu'en croisant ses propres races, déjà perfectionnées, avec des chevaux arabes, et observer qu'elle en introduit encore, et que tout Anglais instruit est très-persuadé que si on se bornait entièrement aux étalons de son pays pour la reproduction, sans renouveler le type par le cheval arabe, il en résulterait indubitablement une dégénération successive.

Il ne paraît pas douteux que non-seulement la France pourrait élever une quantité suffisante de chevaux, à tous les usages, pour ses propres besoins, mais encore au-delà pour en vendre l'excédant à ses voisins, comme elle le fit autrefois, et cependant tout porte à croire que, dans la situation actuelle des choses, il ne lui est point permis de se passer entièrement des chevaux étrangers; nous nous les sommes rendus indispensables pour la remonte de la grosse cavalerie, l'artillerie, et pour quelques branches de commerce et de l'agriculture. Mais quel bien revient à l'État de l'importation d'un nombre prodigieux de chevaux anglais, pour prix desquels nous envoyons chaque année à peu près dix millions de francs à nos voisins?

Si, comme il est prouvé, les chevaux anglais ne sont pas propres à améliorer les races françaises, pourquoi supporter plus long-temps un impôt uniquement dans le but de suivre une mode qui devient une perte essentielle pour l'agriculture, tandis que la sagesse du gouvernement et l'industrie nationale ont presque entièrement affranchi la France du tribut que toutes les autres nations de l'Europe paient continuellement à l'industrie commerciale de l'Angleterre? ne serait-ce point une mesure absolument profitable à la prospérité nationale, que la prohibition complète de l'introduction des chevaux anglais, ou du moins l'établissement d'un impôt assez fort pour rendre ce commerce moins facile?

Les préjugés qui se sont introduits en France, depuis plus d'un demi-siècle, dans cette branche de l'agriculture, se perpétueraient parmi les habitans des campagnes, toujours plus disposés à suivre une routine, héritage de leurs pères, qu'à imaginer ou à imiter des améliorations utiles, si le gouvernement ne s'efforçait pas de les déraciner, afin de leur substituer des procédés plus avantageux pour eux-mêmes et pour le bien public.

Il n'est que trop vrai, en général, que la masse du peuple de toutes les nations est rarement assez éclairée pour sentir les avantages que des inventions utiles ou des procédés ignorés de ses ancêtres apporteraient à ses propres intérêts et à son bien-être, et qu'en l'abandonnant à elle-même, elle suivra encore bien long-temps ses anciennes et vicieuses habitudes. Il devient alors un devoir pour les gouvernemens de contraindre par des lois une partie de leurs sujets à adopter des innovations utiles et avantageuses au corps entier de l'État.

Quoique le gouvernement ait fait beaucoup depuis douze ans pour la régénération des races de chevaux en France, plusieurs provinces, quoique essentiellement propres à l'éducation des chevaux, n'ont fait que des progrès bien faibles dans l'amélioration de la race, et il nous paraît que l'on doit en chercher les causes principales dans le défaut d'un nombre suffisant d'étalons convenables, et dans l'absence presque absolue des lumières et de l'instruction nécessaire aux habitans des campagnes à ce sujet. Il nous semble donc très-essentiel que le gouvernement ajoute aux généreux encouragemens qu'il accorde à cette branche de l'agriculture, les moyens d'entretenir dans les départemens, suivant leurs besoins, un nombre suffisant d'étalons, capable de régénérer et d'améliorer nos races de chevaux; qu'il répande parmi les agriculteurs des avis utiles, simples, et à la portée de leur entendement, et qui doivent avoir pour but de les convaincre qu'un cheval de bonne race ne coûte pas plus d'entretien qu'un autre sorti de parens abâtardis, et que sa valeur et ses moyens les dédommageront amplement des soins plus assidus qu'ils auront accordés à cet élève.

Secondée par le gouvernement et ses agens, dont la plus grande partie est certainement digne de la confiance du pouvoir et des administrés; par les nombreux propriétaires éclairés, qui déjà s'occupent avec succès de l'amélioration et du perfectionnement de nos races; l'administration des haras, dirigée par des hommes instruits et désintéressés, parviendra facilement, avec des moyens simples et peu dispendieux, à rétablir en peu d'années cette importante branche de l'économie politique.

CHAPITRE III.

SITUATION DES ÉTALONS AVANT ET APRÈS LA RÉVOLUTION.

LES étalons, dans toute l'étendue du royaume, étaient divisés en trois classes distinctes.

La première, et la moins considérable, appartenait au gouvernement, et était placée dans ses haras, au service desquels ils étaient spécialement affectés.

La seconde, plus considérable que la précédente, était répartie entre les garde-étalons, à des conditions particulières, sous le nom d'étalons royaux.

La dernière classe, et la plus nombreuse, appartenait en toute propriété aux garde-étalons ; ils étaient connus sous le nom d'étalons approuvés. La généralité de Paris avait à Asnières, sur les bords de la Seine, un dépôt central dans lequel étaient conduits les étalons et les jumens achetés à l'étranger ou dans les provinces, et destinés à aller remonter les haras sur les divers points du royaume. Ce dépôt contenait habituellement quarante étalons et autant de jumens.

Le Soissonnais avait quinze étalons royaux et soixante étalons approuvés.

La Picardie avait vingt des premiers, et seulement cinq des seconds.

L'Artois en possédait soixante de l'une et l'autre classe.

La Champagne avait quatre-vingt-dix étalons royaux et soixante et un étalons approuvés.

Le Berry, le Bourbonnais et l'Orléanais n'avaient que quinze étalons répartis et douze étalons approuvés. Il avait été formé à Chambord un haras ; le maréchal de Saxe y faisait d'excellens chevaux de troupes légères. Ce haras a été vendu après sa mort.

La Normandie avait quarante et un étalons dans le haras du roi à Hyems, quatre-vingt-neuf étalons royaux et cent cinquante-deux étalons approuvés.

La Bretagne, comme pays d'états, n'avait pas de tableau de ses étalons à l'administration générale ; mais on sait qu'il y avait un dépôt de quatre étalons à Nantes, et on peut fixer approximativement le nombre des étalons royaux à quarante, et celui des étalons approuvés à cinq cents.

Le Poitou avait un haras de quinze étalons à Fontenay-le-Comte, cent étalons royaux et cent soixante-dix approuvés. Il possédait aussi une assez grande quantité d'étalons bandets, pour la propagation des mulets.

L'Aunis et la Saintonge avaient dix-huit étalons royaux et quarante-sept approuvés.

L'Anjou n'avait que dix-sept des premiers et quinze des seconds.

Le Limousin et l'Auvergne avaient un haras à Pompadour, dans lequel soixante-huit étalons étaient entretenus, outre cent soixante-six royaux et cent quatre approuvés.

Le Périgord n'avait que huit étalons royaux et

cinq approuvés. Il possédait en outre quelques baudets pour la propagation des mulets.

Le Bigorre avait un haras à Tarbes, dans lequel il y avait dix étalons. Il possédait en outre quinze étalons royaux et vingt et un approuvés.

Le Béarn avait onze étalons dans un haras, et quarante-neuf approuvés.

La Navarre, dont les chevaux jouissaient d'une réputation si bonne et si méritée, n'avait qu'un petit haras à Apath.

L'Agénois, le Condomois, ne possédaient que huit étalons royaux et dix-neuf approuvés. Ils avaient aussi des étalons baudets, propres à faire des mulets.

La généralité d'Auch n'avait que soixante-quatorze étalons approuvés.

Le Rouergue possédait douze étalons dans un haras à Rodez, un seul étalon royal et huit approuvés.

Le Roussillon avait aussi un haras de onze étalons à Périgueux, et seulement six étalons approuvés.

Le pays de Foix n'avait que six étalons royaux.

Le Lyonnais n'avait que huit étalons royaux et trois approuvés.

Le Dauphiné avait à Yeben un petit haras de quatre étalons, vingt étalons royaux, et soixante-dix approuvés.

La Franche-Comté avait aussi un petit dépôt de quatre étalons à Besançon, trente étalons royaux et quatre cent vingt-huit approuvés. Cette province était une de celles où l'éducation des chevaux était très-active.

La Bourgogne possédait quarante-cinq étalons

répartis appartenant aux états, et cent dix appartenant aux gardes. Il y avait un haras à Dienay.

La Lorraine avait à Rozière un haras qui entre-
tenait cinquante étalons

Les Trois-Évêchés, Metz, Toul et Verdun, en
avaient un à Annoncel, où il y avait quarante étalons.

La basse Alsace en avait quarante-huit à Stras-
bourg, et cent quarante et un étalons approuvés.

Cet état de situation n'avait pas toujours été le
même. Un dépôt avait été établi à Tonnerre, pour
cette partie de la généralité de Paris, et le dépôt
central d'Asnières avait été transporté à Craye, dans
le château du directeur général. Un dépôt avait été
placé à Watrouville, dans l'évêché de Verdun; un
à Saralbe, dans la Lorraine; un à Niort, dans le
Poitou. Mais le nombre des étalons n'était pas augmenté; et il résulte des détails dans lesquels on
vient d'entrer, qu'il y avait dans les différens dépôts
de haras trois cent soixante-cinq étalons, que huit
cent onze répartis appartenaient à l'administration
ou aux états, et que deux mille cent vingt-quatre
étaient les propriétés particulières.

Ainsi, après les derniers recensemens faits en 1789,
le total général des étalons reconnus et approuvés,
employés à la reproduction en France, était de trois
mille trois cents.

Outre ces établissemens qui appartenaient au
gouvernement, ou qui étaient sous la surveillance
de l'administration générale des haras, différens
propriétaires avaient encore des haras particuliers.
Le marquis de Polignac en avait formé un nouveau

à Chambord, qui fournissait des chevaux d'une
assez jolie figure. Il est sorti de celui qu'avait le
prince de Monaco à Thorigny des chevaux de selle
de la plus grande vitesse. MM. de Vayer, aux Or-
mes de Rougé; Bouchet-Lagetière, dans le Poitou; MM. d'Escars, de Jumillac, de Caux, en Limousin, et quelques autres, en avaient qui jouissaient
d'une très-bonne réputation. Ces établissemens, très-
dispendieux pour les propriétaires, n'étaient ni assez
nombreux ni assez considérables pour donner une
grande influence. Une partie fut abandonnée par les
propriétaires : la révolution acheva de détruire les
autres.

Le nombre des étalons et des établissemens de
haras était donc insuffisant aux besoins de la France,
et il en résultait que des millions étaient exportés
à l'étranger pour acheter des chevaux. On ne s'oc-
cupait que peu de la multiplication des chevaux de
trait. Tous les étalons étaient destinés au carrosse ou
à la selle.

Le Santerre, le Vimeu, le Boulonnais, le Calaisis,
une partie de la Flandre française, le Morvan étaient
abandonnés à eux-mêmes; la haute et la basse Alsace
et plusieurs autres provinces frontières tiraient des
étalons de l'Allemagne, de la Suisse, de l'Italie, de
la Belgique, du Holstein, etc. La reproduction des
chevaux y était entièrement abandonnée à la routine
et à l'intérêt particulier, qui a si souvent besoin d'être
éclairé et dirigé, comme nous l'avons observé ailleurs.

Souvent les étalons étaient mal choisis et encore
plus mal appropriés aux races pour lesquelles on les

destinait, et qu'il était nécessaire de régénérer. D'une part, les prix trop modiques qu'on mettait dans l'acquisition des étalons empêchaient qu'on pût s'en procurer qui eussent les qualités requises ; de l'autre, le manque de connaissances nécessaires, les préjugés, l'intérêt particulier, la mode, etc., étaient autant d'obstacles que l'administration des haras n'eut pas les moyens de vaincre.

Les associations ou les appareillemens étaient généralement négligés, et les distances entre les individus trop tranchantes pour que les résultats ne fussent pas décousus. Par exemple, des étalons normands de quatre pieds dix pouces à cinq pieds, envoyés à Rozières, dont les jumens étaient de bien plus petite taille, donnèrent des productions dans lesquelles il était facile de reconnaître un mauvais ensemble et une élévation sans proportion, et, pour ainsi dire, sans le vœu de la nature : tandis que de pareils étalons envoyés dans l'évêché de Verdun, dont les jumens étaient plus fortes et plus hautes, donnèrent des chevaux qui s'approchaient davantage de leur souche.

Un préjugé qu'on doit reprocher non-seulement à l'ancienne administration des haras, mais encore à plusieurs écrivains, d'ailleurs estimables, qui se sont occupés de cet objet, et qui paraît avoir été fondé sur le mérite reconnu de la race des chevaux normands, c'est d'avoir prétendu que cette race pouvait convenir à toutes les provinces de la France, et d'avoir placé de ses étalons partout. Nous apprécierons plus loin le mérite des chevaux normands, et nous indiquerons les lieux où nous croyons que cette race puisse être placée avantageusement.

Nous nous bornerons ici à faire seulement observer qu'en même temps qu'on indiquait cette race comme propre à régénérer les autres, on faisait tout ce qui était capable de la détruire, en mettant dans la Normandie des étalons anglais. Un pareil contraste ne pouvait venir que du défaut de réflexion, ou des préjugés que l'anglomanie avait fait naître et entretenus parmi nous.

Nous avons déjà dit que depuis la révolution jusqu'à l'époque de la restauration des Bourbons sur le trône de France, la reproduction des chevaux continuait de marcher vers une décadence générale.

Qu'il nous soit permis ici de faire quelques observations à l'égard des moyens que l'administration des haras prend pour atteindre le but d'améliorer les races de chevaux, et qui nous ont paru être contraires à ses propres vues comme à l'intérêt du propriétaire et du cultivateur, classes sans la participation desquelles une régénération générale est physiquement impossible.

Nous nous bornerons à citer le haras de Rozières, que nous connaissons spécialement, et dans lequel nous avons assisté aux montes et à la vente des jumens et poulains réformés, pendant plusieurs années, pour prouver notre assertion, persuadé comme nous sommes que le mode de tous les établissemens semblables appartenant au gouvernement est uniforme à cet égard.

Dès le commencement du printemps l'adminis-

tration du haras désigne aux arrondissemens de sa
circonscription les étalons destinés à la monte, en
gardant un certain nombre des plus distingués dans
ses propres écuries pour servir les jumens qu'on y
amène. Un intérêt mal entendu a fixé pour la monte
de chaque étalon appartenant à l'administration un
prix qui varie depuis cinq jusqu'à trente fr., suivant
les qualités présumées de l'animal. C'est au directeur
du haras qu'il appartient de désigner, pour la jument qu'on présente, l'étalon qui lui convient; cependant l'homme en place, le propriétaire aisé, qui
souvent s'imagine à tort qu'il possède une jument
digne d'être alliée à Spey, au Doge ou à un autre
étalon de première qualité, l'obtient, quoique sa
jument eût mieux produit avec un individu dont les
formes moins élégantes se seraient trouvées en harmonie avec ses qualités et sa construction. D'un autre
côté, le cultivateur, souvent peu aisé, toujours pares-
seux d'entreprendre une route plus ou moins longue,
et se laissant de plus intimider par la somme de dix,
quinze ou vingt francs qu'il lui faudra payer pour la
monte de sa jument, possède quelquefois une bête
digne d'être servie par un des premiers étalons de
l'établissement; mais, redoutant la dépense, il se
contente de celui pour lequel il n'a qu'à débourser
cinq francs, s'il ne préfère même pas le cheval entier
de son voisin, qui ne possède aucune des qualités
nécessaires pour améliorer la race, mais qui atteint
son but, en lui fournissant une production bonne
ou mauvaise pour laquelle il n'a dépensé ni peine ni
argent. Le chef du haras, qui, jugeant en connais-

seur la jument amenée, aurait bien voulu donner au propriétaire l'étalon qui lui aurait convenu, est forcé de consentir à une alliance disproportionnée, parce que le propriétaire refuse de payer le taux fixé. Il serait donc digne d'un gouvernement éclairé et s'occupant de la prospérité publique d'abolir cet impôt, onéreux pour le cultivateur et d'une faible importance pour lui-même ; d'autant plus que l'exactitude avec laquelle l'administration des haras lui en tient compte n'existe plus dès que l'étalon, éloigné de l'établissement, se trouve dans la dépendance du garde-étalon, qui en dispose presque toujours sans discernement, et sans autres vues que son intérêt personnel.

CHAPITRE IV.

RÉGÉNÉRATION DES RACES.

Voulez-vous, disait Daubenton, en parlant des bêtes à laine, conserver les races pures? alliez toujours ensemble les individus mâles et femelles les plus beaux de la race que vous voulez conserver, et surtout ne permettez pas les mélanges ou les croisemens avec d'autres races inférieures en beauté et en qualité.

Les préceptes de Daubenton, conformes à ceux de la nature, ont été également indiqués par de bons observateurs pour les chevaux; c'est par leur exécution qu'il est indispensable de commencer la régénération de nos races.

En effet, on chercherait en vain à multiplier et à régénérer nos races de chevaux par les croisemens, dans l'état où elles sont encore en grande partie. Les croisemens n'ont été que trop fréquens, et les principes qui doivent les diriger trop méconnus pour que l'on puisse plus long-temps en attendre des résultats utiles. Nous indiquerons bientôt ceux dont on ne doit pas s'écarter.

Pour faciliter les bons effets des croisemens, il faut d'abord faire acquérir à nos races le parfait, le point de pureté qui les caractérise, et dont elles se sont plus ou moins écartées depuis long-temps.

Il faut donc, dans tous les départemens qui possèdent quelques races de chevaux recherchées par leur bonté, par leur beauté ou par leurs qualités, comme en Normandie, en Bretagne, dans le Limousin, le Poitou, la Navarre, etc., etc., s'attacher avec le soin le plus scrupuleux à retrouver quelques rejetons de ces races et à les accoupler ensemble. C'est, par exemple, en recherchant l'étalon qui approche le plus par ses perfections de la race normande, et en l'accouplant avec la jument qui approche également le plus de cette race, qu'on obtiendra une production plus parfaite que le père et la mère.

Cet individu, accouplé à son tour avec un autre de la même race, également perfectionné, produira enfin cette race, aussi pure qu'il sera possible de l'obtenir sous l'influence des divers climats.

C'est alors qu'il suffira de n'accoupler ensemble que des individus les plus parfaits en beauté et en qualités. C'est alors que les croisemens avec des races étrangères appropriées produiront promptement et sûrement l'amélioration dont la race aura besoin.

Mais si les races qui jouissent de quelque réputation doivent être régénérées, à plus forte raison toutes les autres, qu'on a négligées parce qu'elles étaient moins connues, doivent-elles l'être aussi. On ne peut attendre de bonnes productions d'un étalon de race pure, quelque beau qu'il soit, allié avec une jument d'une race abâtardie et dégénérée, qui, ayant besoin elle-même d'être perfectionnée, ne peut donner à sa production ce qu'elle n'a pas.

Ainsi, avant de croiser les races, il est indispensable de les rétablir partout, autant qu'on le pourra, au point de perfection dont elles sont susceptibles.

Que les cultivateurs ne prennent pas indistinctement, pour faire des élèves, toutes les jumens dont ils peuvent disposer ; qu'ils les choisissent toujours parmi celles qui sont les mieux conformées et les plus étoffées, relativement au genre de service auquel on les destine ; qu'ils les fassent saillir par les étalons les plus propres à remplir leur but, et qu'ils rejettent des étalons tarés et défectueux, qui, au lieu d'améliorer, contribuent à la dégénération par les productions qui en résultent.

Il est encore une mesure qui ne doit pas être négligée pour la conservation des races, c'est de couper de bonne heure les poulains qui ne seront pas jugés propres à la régénération, ou de les éloigner avec soin des jumens, si par la nature de leurs travaux ils doivent rester entiers. Depuis long-temps la négligence a été poussée à l'excès à cet égard, et c'est à elle qu'on doit attribuer en partie l'abâtardissement dont nous nous plaignons.

En suivant la marche que nous indiquons, marche simple et uniforme pour toutes les espèces, on rétablira en quelques années nos races de chevaux, on leur rendra leurs caractères distinctifs, et on pourra alors bien plus facilement, par des croisemens avec des races étrangères, donner à celles qui en auront besoin toute la perfection dont elles seront susceptibles.

Cette marche paraît lente, il est vrai, mais elle est plus sûre, et a même des résultats plus certains. Que l'exemple du passé nous serve de leçon : rappelons-nous l'époque du siècle dernier où on voulait régénérer toutes nos races à la fois par une race métisée ; rappelons-nous quels furent les résultats de ces étalons anglais qu'on mit dans tous nos haras ; ils sont consignés plusieurs fois dans cet écrit. Ne cherchons pas à perfectionner dans un instant ce qui ne peut être fait qu'en plusieurs années ; ne faisons pas à la légère et inconsidérément ce qui ne doit être fait qu'avec réflexion et maturité.

Ne nous décourageons pas surtout : qu'une première tentative inutile, une production manquée ne nous fasse pas abandonner le travail. Il en est de l'élève des chevaux comme de toutes les autres générations de l'économie rurale : il faut, pour réussir, faire des sacrifices, risquer de perdre du temps, avoir de la patience et de la persévérance.

Nous terminerons ce chapitre par soumettre au jugement du gouvernement et du public un plan dont il nous a paru que l'exécution serait capable de produire les plus heureux effets pour les propriétaires et les cultivateurs, sans charger l'État d'un surcroît de dépenses.

Si nous sommes convaincus que, pour améliorer toutes nos races de chevaux, il est nécessaire de commencer de les perfectionner par elles-mêmes, pour atteindre l'un et l'autre il est donc indispensable de répandre sur tous les points de la France un nombre suffisant d'étalons dont les qualités soient en harmonie avec les besoins de chaque département. Deux moyens s'offrent, selon notre opinion, pour atteindre ce but. Le premier est d'adopter de nouveau, avec une plus grande extension, le mode de l'ancienne administration, c'est-à-dire qu'outre les étalons des haras royaux, l'administration entretienne, soit à son compte, soit par l'entremise des particuliers, le nombre d'étalons jugé nécessaire pour chacun de nos départemens. Dans ce premier cas, nous n'en doutons aucunement, les dépenses seront extrêmement considérables, parce qu'il est prouvé que toutes les entreprises faites pour le compte des gouvernemens ne sont jamais combinées avec le même esprit d'économie que celle du simple particulier.

Ce fut sans doute à cette considération que l'administration des haras, avant la révolution, avait, dans presque toutes les provinces, autorisé, après un traité, des particuliers à entretenir pour leur compte des étalons propres à la monte.

Le moyen que nous proposons consiste à conclure avec un ou plusieurs contractans une convention bien combinée, mûrement méditée, pour l'entretien des étalons de chaque département. L'administration, connaissant les besoins particuliers de chaque province, est en état de fixer avec précision la race et les qualités que chacun de ces animaux doit posséder pour produire, dans le département auquel il est destiné, l'amélioration des races que nous réclamons. Une surveillance soutenue des agens du gouvernement sur l'exécution des conditions stipulées entre lui et les entrepreneurs, assurera un résultat heureux.

Le but de l'amélioration des races de chevaux français devenant profitable à toutes les classes de la nation qui possèdent cet animal utile, il nous semble que tous sont aussi également obligés d'y contribuer ; et nous croyons, en conséquence, que le gouvernement ne doit pas être chargé seul d'indemniser ceux avec lesquels il conclura un tel arrangement. Cette somme, répartie également sur tous les propriétaires de chevaux, chargera à peine chaque individu de cette espèce d'un franc pour cent ; et nous sommes persuadé que ce léger sacrifice sera amplement compensé par les avantages immenses qui en résulteront pour l'intérêt général et privé.

Nous nous abstenons d'entrer dans de plus grands détails à ce sujet, c'est à la sagesse du gouvernement de juger si un tel plan est exécutable, avantageux et utile.

CHAPITRE V.

CROISEMENT DES RACES.

Nous croyons devoir faire précéder ce que nous avons à dire sur les croisemens, de quelques observations générales, qui nous paraissent d'autant plus importantes, que les progrès de l'histoire naturelle des animaux en général, et de quelques parties des sciences économiques en particulier, sont plus avancés, et, pour ainsi dire, en contradiction avec les résultats généraux que nous avons obtenus jusqu'à présent dans l'amélioration des chevaux.

Tous les chevaux disséminés sur la surface de la terre, considérés individuellement, forment l'espèce du cheval; ils ont très-vraisemblablement une origine commune et unique, le cheval arabe.

Leur dissémination, leur acclimatation sur différens points de notre globe, les caractères particuliers qu'ils ont contractés en s'éloignant de la souche, et qu'ils ont toujours plus ou moins conservés, caractères qui les font encore aujourd'hui reconnaître, constituent les familles ou les races.

Toutes ces races, en s'éloignant de la souche, ont perdu quelque chose de ce type primitif qui la caractérise; aucune n'y a remonté, et à plus forte raison, aucune n'a été au-delà.

3.

Quelle est la cause de cette dégénération, ou de ce mode particulier de conformation que prend l'individu transplanté? Est-elle due à l'influence du climat et de la nourriture, comme l'ont dit tous ceux qui jusqu'à présent se sont occupés de cet objet, et comme le résultat de toutes les expériences qu'on a tentées, et de toutes les observations qu'on a faites, pourrait donner lieu de le croire? ou bien est-elle seulement due à la manière insuffisante et incomplète dont toutes ces expériences et observations ont été suivies, comme on pourrait le présumer d'après celles qui ont été faites depuis près d'un siècle sur d'autres espèces d'animaux domestiques dont on est parvenu à conserver les races pures?

Comme nous n'avons encore aucun fait connu et positif qui, dans l'espèce du cheval, puisse venir à l'appui de cette dernière opinion, quelque vraisemblable qu'elle soit, nous nous abstiendrons de prononcer. Nous croyons qu'il faut tenter de nouvelles expériences et faire de nouvelles observations; il faut surtout y mettre tout le temps et tous les soins dont elles sont susceptibles, pour ne déciders qu'avec connaissance de cause. Ce doit être principalement l'objet de haras d'expérience, parce que de pareilles observations, qui exigent un laps de temps considérable et de fortes dépenses, ne peuvent être tentées et suivies avec persévérance par des particuliers; et peut-être est-ce encore une des causes qui ont empêché d'obtenir de ces observations les résultats qu'on avait lieu d'en espérer.

Ainsi, en présentant le tableau des dégénérations,

nous nous bornerons à indiquer les moyens qui ont réussi généralement, pour y remédier.

Si chaque climat, par son influence et par celle de la nourriture, donne aux animaux une conformation qui pèche par quelque excès ou par quelque défaut, le produit de deux animaux de même espèce, mais de race et de climat différens, dont les défauts se corrigeraient réciproquement, deviendrait la production la plus parfaite de cette espèce. Tel est le but, tel doit être le résultat des croisemens.

Le cheval, de tous les animaux domestiques celui qu'on a le plus observé, paraît être le moins susceptible de se conserver sans dégénération : et voici ce qu'on a remarqué jusqu'à présent.

Que l'on transporte hors de leur pays et à une certaine distance un étalon et une jument ayant pris toute leur croissance, le nouveau climat et la nourriture pourront bien changer leur tempérament, mais ils ne pourront influer assez sur leur organisation pour en altérer les formes. La première production de ces animaux paraîtra n'avoir pas dégénéré au moment de sa naissance ; l'empreinte des formes sera encore pure, et on n'apercevra aucun signe de dégénération ; mais le poulain éprouvera en grandissant, et dans un âge tendre, toutes les influences du climat et de la nourriture ; elles feront sur ses organes encore faibles l'impression qu'elles n'ont pu faire sur ceux du père et de la mère, et développeront des germes de défectuosités ou de conformation particulières au sol, qui se manifesteront bien plus sensiblement à la seconde génération, et avec tant de force à la troisième et à la quatrième, que les caractères de la souche originelle seront presque entièrement effacés, que ces animaux n'auront plus rien d'étranger, et qu'ils ressembleront à peu près en tout à ceux du pays, s'ils ne sont pis encore.

C'est ainsi que des étalons et des jumens, tirés de la Normandie ou du Limousin, et transportés en Bretagne, en Poitou, en Champagne, etc., ont donné des productions qui dégénéraient, et devenaient des chevaux bretons, poitevins, champenois, etc. C'est ainsi que des chevaux et des jumens d'Arabie, de Barbarie, d'Espagne, etc., sont devenus en France et ailleurs des chevaux français ou autres souvent dès la deuxième génération, et presque toujours à la troisième; c'est ainsi que les Anglais, qui paraissent avoir fait de grands efforts pour conserver chez eux la race arabe, n'ont pu encore y parvenir.

On comprend que cette dégénération doit être plus ou moins prompte ou plus ou moins retardée, en raison de la proximité ou de l'éloignement de la transplantation; elle est quelquefois telle, que l'accouplement cesse d'être fécond. Nous en avons des exemples dans d'autres espèces que dans celle du cheval, et même dans le règne végétal.

Si, en laissant multiplier ensemble, dans un haras, des chevaux et des jumens de même race étrangère, ils dégénèrent facilement et en assez peu de temps, il faut nécessairement croiser cette race avec celle du pays, non-seulement pour en empêcher la dégénération, mais encore pour donner à celle du pays les qualités ou les belles formes de la race avec laquelle le croisement aura lieu, et qu'elles n'avaient pas.

Il paraît donc, en général, dans l'espèce du cheval, qu'il est plus avantageux de croiser les races étrangères, que de chercher à les conserver pures, puisque jusqu'à présent il est reconnu certain qu'un cheval et une jument d'Espagne, par exemple, n'ont pas produit en France d'aussi beaux chevaux que ceux qui étaient le résultat de l'accouplement de ce même cheval d'Espagne avec des jumens françaises.

Mais quelles sont les règles de ces croisemens? C'est encore ici que l'expérience et l'observation doivent venir au secours du raisonnement, et le réduire à sa juste valeur.

Buffon a dit, et d'autres ont répété après lui, que, « dans le climat tempéré de la France, il fallait, » pour avoir de beaux chevaux, faire venir des éta- » lons de climats plus chauds ou plus froids. » Les étalons du nord étant moins chers et moins difficiles à se procurer que ceux du midi, on a suivi les préceptes de Buffon; on a tiré des étalons du Danemarck, de l'Allemagne, de l'Angleterre, etc. On en a répandu jusque dans les parties méridionales de la France et dans les royaumes voisins; on a également transporté nos races du nord au midi, et des chevaux normands ont été placés partout. Qu'en est-il résulté? La théorie de Buffon n'a pas été confirmée par l'expérience. Le tableau de ces résultats n'est pas difficile à tracer, et nous croyons devoir le faire ici.

On ne peut douter que nous ne devions la très-grande majorité de nos anciennes belles races à l'exportation des chevaux arabes, barbes et autres des pays méridionaux lors des croisades. Depuis ce temps, nos races améliorées s'étaient conservées de manière à montrer des races bien tranchantes de leurs ascendans, et elles n'ont dégénéré que depuis peu, et par des circonstances tellement impérieuses que peut-être la race arabe elle-même n'y aurait pas résisté. Quels avantages avons-nous retirés des étalons danois, allemands, anglais, etc., depuis leur introduction dans nos haras? Quelles races ont-ils améliorées, perfectionnées, régénérées? Quel bien ont éprouvé nos races méridionales de leur croisement avec nos races septentrionales? Quels avantages nos voisins du midi ont-ils retirés de ces mêmes croisemens? Nous avons déjà indiqué précédemment tout le mal qu'ils ont fait chez nous; et il serait difficile de trouver en Espagne ou en Italie les races améliorées par les croisemens avec les étalons anglais, normands et danois.

Toutes ces races ainsi croisées, en perdant leurs qualités naturelles, n'ont pas conservé long-temps celles de la race avec laquelle on les croisait. Il y a plus, toutes, en marchant à une dégénération assez prompte dans les formes générales, n'ont même pas conservé les défauts particuliers que leur avait communiqués la race croisante. A peine, par exemple, connaissait-on en Normandie, avant l'introduction des étalons anglais, les chevaux à mauvaises épaules, il est rare aujourd'hui de trouver dans cette province un cheval métis anglais dont les épaules soient parfaitement libres; et à mesure que la race s'éloigne de la souche anglaise avec laquelle on l'avait mésalliée, et qu'elle reprend peu à peu son type originel, les mauvaises épaules disparaissent, et la liberté des mouvemens se rétablit. On pourrait faire la même observation sur beaucoup d'autres races.

Une longue suite de faits a donc prouvé une vérité trop peu reconnue et toujours cachée par l'intérêt mercantile ; c'est que les races du midi, transportées au nord, conservent, améliorent, régénèrent les races du nord ; tandis que les dernières, au contraire, transportées au midi, font dégénérer promptement celles avec lesquelles on les allie, et disparaissent bientôt elles-mêmes ; c'est que les étalons des pays méridionaux, quelles que soient les jumens avec lesquelles on les a accouplés, n'ont jamais produit de chevaux inférieurs en qualité à la mère ; que ces qualités ont toujours été améliorées ou augmentées dans les productions, et que l'exemple du contraire a eu constamment lieu dans les étalons du nord.

C'est par cette suite d'observations, qui n'est pas particulière à l'espèce du cheval seulement, qu'il a été facile d'expliquer pourquoi les étalons danois, de la plus belle conformation, et de très-beaux chevaux anglais, ont donné en France, en Espagne, en Italie, des productions très-médiocres ; tandis que des étalons du midi, bien moins distingués dans leurs formes, ont amélioré ou régénéré toutes les races avec lesquelles on les a alliés ; pourquoi toutes les tentatives qu'on a faites pour améliorer les bêtes à laine, en France, avec des béliers et des brebis d'Angleterre et de Hollande, ont été infructueuses, quelque beaux et parfaits que fussent les animaux choisis pour ces améliorations; pourquoi les animaux des parties septentrionales de l'Europe, tels que le renne, l'élan, etc., ne peuvent exister sous des climats même tempérés, etc., etc.

La première règle constante et sûre pour les croisemens, celle dont en général on ne doit pas s'écarter, est donc de croiser les races du nord avec celles du midi.

Une conséquence nécessaire de cette règle est donc également de ne pas croiser les races du midi avec celles du nord.

L'Angleterre, qu'il faut citer souvent quand il s'agit de chevaux, fournit en grand les preuves à l'appui de cette règle. Jamais les étalons du pays, et ceux que les Danois y ont portés lors des conquêtes qu'ils en ont faites, n'ont donné aux chevaux anglais cette réputation qu'ils ont aujourd'hui. Ce n'est qu'à l'importation des chevaux arabes et barbes que l'Angleterre doit l'amélioration de ses races, comme ce n'est qu'à l'introduction des moutons d'Espagne à laine fine qu'elle doit l'amélioration de ses troupeaux.

Dans la foule d'observations que nous pourrions citer, nous nous contenterons d'en prendre quelques-unes faites sur des jumens de climats opposés.

Louis XIV fit venir, à la fin du xviie siècle, plusieurs jumens de Turquie, de Barbarie, d'Espagne; on en fit saillir une partie par les étalons du pays avant le départ. On les fit débarquer en Provence,

la partie la plus méridionale de la France ; elles y
séjournèrent jusqu'à ce qu'elles eussent mis bas, et
quittèrent même leurs poulains pendant près d'un an.
On les amena ensuite, dans la belle saison, au haras
de Saint-Léger, près de Versailles, où elles furent
saillies de nouveau, à l'époque convenable, par des
étalons de leur pays, par des étalons d'Italie, par
quelques étalons anglais, et par les plus beaux étalons français qu'on put trouver. Malgré toutes les
précautions qui furent prises, les productions ne
répondirent pas à ce qu'on avait lieu d'en attendre,
et ne donnèrent pas un cheval passable.

Quelques années après, Garsault fut chargé d'aller choisir une certaine quantité de jumens napoli-
taines : les chevaux napolitains jouissant alors d'une
grande renommée dans les manéges de l'Europe.
Garsault, qui se connaissait parfaitement en chevaux, amena une quarantaine de très-belles jumens,
qui furent conduites au même haras de Saint-Léger,
et saillies l'année après par les plus beaux étalons de
différens pays, par les chevaux de manége de la
grande écurie les plus distingués, et par des étalons normands de choix. Leurs poulains donnèrent
d'abord des espérances ; mais en grandissant ils dégénérèrent promptement, et on fut obligé d'y renoncer.

A une époque bien plus rapprochée, on tira des
jumens de la Belgique pour l'établissement de Rambouillet, afin d'introduire peu à peu l'usage de la
culture des terres par des jumens, au lieu des chevaux entiers en usage dans le pays, et de favoriser

ainsi la multiplication des chevaux. Ces jumens, étoffées et d'une bonne tournure, furent saillies par des étalons normands appropriés. Une partie ne retint pas les premières années, plusieurs avortèrent, et les productions qu'elles donnèrent plus tard, et après avoir été bien acclimatées, ne répondaient pas au choix des mères et des étalons.

La seconde règle générale des croisemens est donc de n'y employer que des étalons de races étrangères avec des jumens du pays, et de rejeter toute espèce de croisement par l'importation de jumens étrangères.

Mais si tel est l'ordre de la nature, que dans aucune partie de l'univers les races de chevaux ne puissent être abandonnées à elles-mêmes sans éprouver de dégénération ; si cette dégénération est inévitable dans ces animaux, transplantés ou non, et dans leurs productions ; si le cheval est, de tous les animaux domestiques, celui qui reçoit le plus par l'éducation, sur lequel les soins de l'homme influent davantage et auquel ils sont le plus nécessaires ; si enfin les différentes races se perfectionnent ou dégénèrent en proportion des soins qu'on leur donne ou de l'abandon où on les laisse, il en résulte encore une troisième règle générale à suivre pour les croisemens, et dont nous avons déjà parlé ailleurs, c'est de les renouveler.

L'époque de ce renouvellement est suffisamment indiquée aux observateurs ; elle est marquée par la nature elle-même. C'est lorsque les productions de la race améliorée ne gagnent plus ; c'est lorsqu'elles commencent à perdre quelques-unes des formes ou des qualités acquises par le croisement; c'est enfin lorsqu'elles se rapprochent de la souche maternelle ou de la race de la mère avant l'amélioration, et qu'elles s'éloignent des formes du type paternel acquises depuis, qu'il faut renouveler le croisement.

Il est important, dans ces cas, de ne pas se méprendre sur les causes de la dégénération, et de ne pas attribuer à l'extinction du principe régénérateur de la souche croisante, ou à l'inaptitude et à l'ingratitude du sol, du climat ou de la nourriture, ce qui ne doit être attribué réellement qu'au défaut de soins ou de lumières de la part des propriétaires. Nous avons déjà tracé quelques règles à suivre pour la conservation des races; nous en indiquerons quelques autres encore en parlant des appareillemens. Il sera difficile de s'égarer en suivant les unes et les autres.

Quelqu'un a dit, avec raison, que l'excès de grandeur ou de taille (l'étiolement), dans les plantes comme dans les animaux, était une marque de dégénération, et nous en avons des preuves multipliées dans nos races de chevaux, surtout dans celles qui sont le résultat des croisemens avec des races déjà métisées, comme les étalons anglais, lesquels, alliés avec des jumens de différentes races, ont presque généralement donné des productions qui ont gagné en hauteur en même temps qu'elles ont perdu en proportions et en qualités.

Les cultivateurs ne doivent pas perdre de vue cette observation dans l'amélioration des chevaux, ni s'en laisser imposer par cette augmentation de taille, que plusieurs auteurs qui ont écrit sur les haras, mais qui étaient peu au fait de l'histoire naturelle des animaux, ont présentée comme avantageuse.

Une quatrième règle générale des croisemens, qui se déduit tout naturellement de ce qui vient d'être exposé, c'est de ne croiser qu'avec des individus de races pures, et de rejeter avec soin tous les individus de races métisses, qui ne produisent qu'une amélioration momentanée, pour ainsi dire factice, et qui dénaturent promptement les races qu'on veut régénérer.

Il ne nous reste plus qu'à faire l'application particulière à la France des principes généraux que nous venons d'établir. Cette application sera facile s'ils ont été bien compris.

Pour en rendre l'exécution plus facile encore, nous diviserons la France en deux parties : l'une méridionale, l'autre septentrionale. Le 47ᵉ degré de latitude, qui la coupe à peu près dans son milieu, formera la ligne de démarcation de ces deux parties. Cette ligne traverse les départemens de Saône-et-Loire, de la Nièvre, du Cher, de l'Indre, d'Indre-et-Loire, de la Vienne, des Deux-Sèvres, de la Vendée et de la Loire-Inférieure, depuis Pontarlier, en passant par Nevers, qui paraît être à peu près au centre de la France, jusqu'à l'île de Noirmoutier.

Ainsi, toute la partie de la France qui se trouve en deçà du 47ᵉ degré de latitude, ou de la ligne que nous venons de tracer, depuis Nevers, par exemple, jusqu'à l'extrémité du département des

Pyrénées-Orientales, formera la partie méridionale, et toute la partie qui s'étend au-delà du 47° degré, depuis Nevers jusqu'à l'extrémité du département du Nord, formera la partie septentrionale.

Les races africaines, comme les barbes ; les races asiatiques, comme les arabes, les persanes, les turques ; les races de l'est de l'Europe, comme celles de la Turquie européenne, de l'Italie ; enfin celles de l'Espagne, et toutes celles qui sont en deçà du 42° degré de latitude, où commence la France, lui étant méridionales, pourront être avantageusement employées pour croiser les races françaises, dans les deux divisions que nous avons indiquées.

Les races placées depuis le 42° degré jusqu'au 49°, et qui comprennent celles du Tyrol, de la Hongrie, de la Transilvanie, et se trouvent sous la même latitude que celle de la partie méridionale de la France, pourront croiser toutes ces races, mais elles croiseront avec bien plus d'avantage toutes celles de la partie septentrionale.

Celles qui occupent depuis le 47° jusqu'au 51° degré, comme les races de Tartarie, de Valachie, de Pologne, d'Allemagne, etc., se trouvant sous la même latitude que celles de la partie septentrionale de la France, pourront être croisées avec les races de cette partie, mais ne pourront pas l'être fructueusement avec celles de la partie méridionale.

L'Angleterre, qui se trouve au-delà du 50° degré, et sous la même latitude que les départemens de la Somme, du Pas-de-Calais et du Nord, fournira peut-être à ces départemens des étalons avec lesquels leurs races pourront être croisées d'une manière plus avantageuse que celles des autres parties de la France ne l'ont été, jusqu'à présent, par les races de ce pays.

Quant aux races du Holstein, du Mecklenbourg, du Danemarck, et qui se trouvent au-delà du 51e degré, et qui sont septentrionales de la France, on ne peut en espérer quelques avantages pour la régénération ou l'amélioration de nos races, que lorsque des expériences nouvelles, faites avec tous les soins dont elles sont susceptibles, nous auront appris d'une manière positive ce qu'on a réellement droit d'en attendre.

Quant à la France en elle-même, toutes les races de la partie méridionale pourront, après leur régénération, croiser avantageusement celles de la partie septentrionale; mais les races de celle-ci ne pourront jamais être employées au croisement de celles de la partie méridionale qu'avec le risque de perdre un temps précieux, et de marcher, comme on l'a fait depuis long-temps, à une dégénération plus ou moins prompte.

Les races de chacune de ces parties méridionales ou septentrionales pourront aussi croiser réciproquement celles qui se trouvent sous la même latitude. Ainsi les étalons navarrins, limousins, poitevins, auvergnats, etc., croiseront toutes les autres races de cette partie méridionale, comme les étalons bretons, normands, etc., qui occupent la partie septentrionale, pourront également croiser toutes les autres races de cette partie.

Cette ligne de démarcation, qui paraît tracée par une expérience de plusieurs siècles, n'est pas d'ailleurs tellement rigoureuse qu'elle ne puisse présenter quelques exceptions, et qu'on ne doive peut-être encore tenter d'aller au-delà. Mais des exceptions ne forment pas des règles sur lesquelles on puisse compter ; et ce n'est qu'avec prudence et avec ménagement qu'il faudra essayer de franchir les limites que nous avons cru devoir poser.

CHAPITRE VI.

DES APPAREILLEMENS.

L'APPAREILLEMENT est le choix des convenances réciproques entre l'étalon et la jument.

Cette opération est d'autant plus délicate et plus importante, qu'elle exige la connaissance des rapports intimes qui doivent exister entre l'un et l'autre pour donner les plus belles productions.

L'expérience a fait voir que, parmi les animaux comme parmi les hommes, les pères et mères faibles, infirmes, mal conformés, vicieux, tarés, donnent des productions qui ont toutes leurs mauvaises qualités et leurs défauts; que des pères et des mères bien conformés, et ayant de bonnes qualités, donnent des productions dans lesquelles on retrouve leurs belles formes et leurs bonnes qualités. Elle a fait voir aussi qu'il y a une différence à établir entre les vices et les défauts qui tiennent au climat ou à la conformation naturelle ou héréditaire des pères et mères, et les défauts accidentels ou acquis par hasard depuis la naissance. Les premiers se transmettent presque toujours aux enfans; les seconds sont très-rarement héréditaires.

Comme il y a peu de chevaux et de jumens qui réunissent toutes les perfections, qu'il n'y en a même aucun qui ressemble parfaitement à un autre, et que, dans un grand haras en particulier, on ne peut pas toujours avoir des individus des deux sexes d'une beauté et d'une bonté accomplies, il faut chercher à réparer les imperfections de l'un par les perfections opposées de l'autre. Ainsi l'observateur attentif doit s'appliquer en général, par des mélanges ou des appareillemens bien combinés et bien réfléchis, à corriger certaines parties imparfaites de la conformation extérieure d'un sexe par celles de l'autre sexe qui s'y trouveront plus parfaites et qui y feront des qualités héréditaires, et à compenser ainsi dans l'un ce que la nature semble y avoir fait avec trop d'épargne, parce qu'elle a fourni plus libéralement à l'autre.

Un fait que l'expérience confirme de la manière la plus positive dans tous les haras bien administrés, c'est que la nature aime véritablement à se prêter à ces combinaisons; c'est que, par des choix et des accouplemens prudens, des races de formes et de contrées différentes se refondent pour ainsi dire mutuellement, et s'élèvent à un degré de perfection que le climat semblait d'ailleurs leur refuser.

On connaît à quel point de perfection les Anglais sont parvenus en appareillant leurs races de chevaux avec des races étrangères, et avec les productions de ces races. Ce qu'ils ont fait, par le même moyen, pour leurs autres animaux domestiques, n'est pas moins remarquable. Pour leurs bêtes à cornes, par exemple, ils sont arrivés au point de faire acquérir, pour ainsi dire à volonté, à la partie de l'animal qui

se vend le plus cher à la boucherie, un poids très-
considérable, un volume proportionné, et les qualités qui le font rechercher. Il leur a suffi pour cela
de choisir ceux de ces animaux dans lesquels cette
partie avait déjà quelques-unes des qualités nécessaires, et de les appareiller ensemble.

Le but des appareillemens est donc non-seulement la conservation, mais encore l'amélioration des
races. S'il n'en était pas ainsi, il suffirait d'accoupler
ou de laisser accoupler indistinctement tous les individus de la même espèce.

Pour que l'appareillement puisse remplir son but,
il faut donc aussi qu'il soit fait de manière à éloigner des haras ou des individus à naître les vices héréditaires, et à atténuer et faire disparaître, autant
qu'il sera possible, les défauts de conformation qui
sont naturels au sol et au climat ou à la race croisée.

On n'unira point un petit cheval à une jument bien
étoffée et de la plus grande élévation, parce qu'il
ne pourrait résulter d'un pareil accouplement qu'un
produit entièrement disproportionné et décousu.
Par la même raison, on n'unira pas un étalon bien
étoffé et de forte taille à une jument de taille médiocre, parce qu'on a observé que les productions qui
en résultaient étaient encore plus disproportionnées
que celles de l'appareillement précédent. On pro-
portionnera donc à peu près les tailles ; on donnera
à une jument qui sera épaisse et étoffée, un étalon
qui, ayant un peu plus de finesse qu'elle, compen-
sera cet excès. Si la jument pèche dans son avant-
main, on choisira un étalon dans lequel cette partie

soit bien conformée; si la jument est d'une taille peu avantageuse, on cherchera à donner plus de taille à la production par un cheval plus élevé que la mère; et si elle péche par une encolure trop grêle et trop horizontale, l'étalon devra avoir cette partie bien fournie et plus rouée; si la jument a les jambes trop minces pour son corps, l'étalon ne devra pas pécher par le même défaut, et ainsi réciproquement des autres défauts et des autres qualités qui peuvent être en elle et dans l'étalon, et s'attachant toujours, pour approcher de la belle nature le plus qu'on pourra, à suivre et à observer des gradations et des nuances.

Il est d'autant plus important d'éviter les extrêmes, que jamais on n'en obtient des résultats satisfaisans. Une beauté, un défaut, s'ils sont tranchans, ne doivent pas être opposés à une autre beauté ou à un autre défaut également tranchans. Un cheval de trait ne doit pas être appareillé à une jument de selle, ni une jument propre à l'agriculture, à un cheval de manége; le produit ne tiendra jamais le juste milieu, et sera toujours plus ou moins disproportionné. C'est ainsi que souvent les administrateurs des haras, qui ne voient que la nécessité de faire des chevaux propres à la remonte des troupes, mettaient des étalons de selle presque partout, et parvenaient ainsi à dégrader toutes nos races. Éclairons les cultivateurs et laissons-leur faire des chevaux: ils en feront pour tous les usages.

On conçoit aussi que si l'on unissait constamment ensemble des individus dans lesquels une ou plusieurs parties seraient bien conformées, et où quelques autres le seraient moins bien, les premières ne pourraient qu'acquérir encore en beauté, et les secondes, que perdre et devenir plus défectueuses ; des appareillemens ainsi combinés ne rempliront pas leur but.

Il est certain que la nature se joue quelquefois aussi de ces combinaisons, et que d'un appareillement très-bien fait en apparence, il ne naît qu'une production très-médiocre ; mais nous devons dire aussi qu'il arrive souvent qu'en tenant race de cette production, qui paraît très-médiocre, la progéniture remonte, et ressemble plus ou moins promptement à ses ascendans paternels ou maternels. Cette observation, à laquelle on n'a pas vraisemblablement fait assez d'attention, est néanmoins très-importante, et rend peut-être raison du défaut de succès de beaucoup d'expériences qu'on a abandonnées trop tôt, qui ne présentent par conséquent que des résultats imparfaits, et dont nous avons parlé dans le croisement des races.

Nous dirons encore qu'une jument qui est le fruit d'un mauvais cheval, quelqu'excellent que soit l'étalon qui la couvrira, ne produira qu'un poulain trop imparfait encore pour avancer l'amélioration, quelque beau et bien fait qu'il paraisse quelquefois dès sa naissance ; tandis qu'une jument sortie déjà elle-même de bonne race donnera des poulains qui promettront peut-être très-peu d'abord, mais qui se perfectionneront avec l'âge. Le premier poulain, au surplus, est aussi étoffé que ceux que la jument

donne dans la suite; et, en cela, il en est de la femelle du cheval comme de la femelle de presque
tous les autres animaux.

Si la jument paraît être destinée par la nature à
acclimater pour ainsi dire le germe étranger qui lui
est confié pendant le long espace de temps qu'elle
le porte, on doit sentir combien il est important
qu'elle soit appareillée avec soin. C'est peut-être ce
défaut de soins qui a rendu tant de croisemens infructueux ou inutiles à la régénération ou à l'amélioration de la race.

C'est peut-être aussi cette destination particulière
que la nature a donnée aux femelles qui a rendu également infructueux ou inutiles les croisemens tentés
par l'importation des jumens étrangères.

Si, pour conserver une race pure, il faut allier
les individus les plus parfaits de cette race, il sera
bien plus nécessaire encore, pour l'améliorer, de
choisir aussi les individus les plus purs ou les plus
voisins de la pureté primitive de la race croisante
et de la race croisée, pour les appareiller ensemble.
Ainsi, par exemple, un étalon arabe uni à une jument limousine, déjà croisée d'arabe, donnera des
productions plus parfaites que s'il eût été allié d'a-
bord à une jument commune du pays; ainsi encore,
pour citer des exemples plus près de nous, un étalon espagnol appareillé avec une jument navarrine
ou limousine bien choisie, déjà elle-même origi-
nairement croisée d'espagnol ou d'autres races méridionales, donnera des poulains qui remonteront la
race navarrine ou limousine bien plus promptement

que si l'étalon avait été appareillé avec des jumens dans lesquelles la dégénération aurait été plus avancée. Ainsi enfin, un étalon normand appareillé à une jument bretonne, déjà croisée antérieurement de race normande, donnera des productions qui approcheront bien plus tôt des formes et des qualités du père que s'il n'eût été appareillé qu'avec une jument bretonne ordinaire.

Cette observation, qui est également constante pour toutes les races, confirme celles que nous avons faites en parlant des croisemens.

Elle nous apprend pourquoi les jumens anglaises, qui sont des métisses d'arabes ou de barbes à un plus ou moins haut degré, ont donné de meilleures productions que les autres jumens du pays, lorsqu'elles ont été appareillées avec des étalons de pays méridionaux; pourquoi les béliers d'Espagne à laine fine, croisés avec des brebis françaises déjà métisses espagnoles, ont fait marcher l'amélioration des laines bien plus promptement à sa perfection que s'ils n'avaient été appareillés qu'avec des brebis non encore améliorées, etc., etc.

Il ne faut pas croire de ce qui précède que l'on puisse également marcher à l'amélioration en appareillant des mâles métis de bonnes races avec des femelles ordinaires du pays. Les expériences tentées à ce sujet n'ont pas été plus heureuses pour les races de chevaux que pour celles de bêtes à laine, et nous avons fait observer précédemment que cette amélioration par des métis mâles n'est réellement que précaire.

Mais nous pensons néanmoins qu'en appareillant

ensemble des métis déjà plus ou moins purs, plus ou moins approchant de la race première, comme, par exemple, un quatrième métis avec un troisième, un troisième avec un second, un second avec un premier, etc., on peut arriver à la régénération complète de l'espèce. C'est ainsi que les Anglais sont parvenus à améliorer et à renouveler toutes les races; c'est ainsi que Daubenton a régénéré celles des bêtes à laine, dans un temps où il n'était pas possible d'avoir facilement des béliers d'Espagne à laine fine.

Nous avons dit que les vices ou les défauts héréditaires doivent être proscrits dans les appareillemens; et à plus forte raison nous importe-t-il d'éviter les rapprochemens d'individus de la même famille qui en sont affectés. En effet, l'étalon taré qui couvre sa mère et ses productions déjà entachées des mêmes tares, ne laisse aucune possibilité, aucune espérance de diminuer, de réparer, de faire disparaître les vices de l'empreinte originaire. Ces vices, au contraire, ne peuvent qu'acquérir un caractère plus prononcé par les appareillemens de sujets dans lesquels ils existent réciproquement. Telle est la principale source des dégénérations de toutes nos races.

Les jarrets étant la partie du cheval la plus essentielle pour le service, soit comme étalon, soit comme cheval de selle et même de trait, les vices de conformation de cette partie, surtout ceux qu'on peut croire héréditaires, doivent être aussi scrupuleusement proscrits dans les appareillemens.

Les défauts de conformation qui dépendent de l'influence du sol ou du climat sont plus difficiles à faire disparaître par les appareillemens que ceux qui sont héréditaires. Pour détruire ceux-ci, il suffit souvent du changement d'étalon, tandis que la nature même du terrain tend continuellement à reproduire les premiers. Les pâturages gras, aquatiques, donnent aux chevaux des jambes fortes, chargées de poils, disposées aux engorgemens; des pieds évasés, larges, plats, trop volumineux; une tête chargée et trop grosse; des dispositions aux maladies des yeux, etc. Si l'animal importé pour l'appareillement ne participe pas bientôt lui-même à quelques-uns de ces défauts, ses productions en seront promptement affectées. Les migrations remédient plus efficacement que les appareillemens à ces vices du climat, en même temps qu'elles sont plus avantageuses encore aux propriétaires sous d'autres points de vue. C'est ainsi que les jeunes chevaux de l'Artois, du Boulonais, du Calaisis, de la Picardie, exportés en Beauce, en Brie, dans les environs de Paris, forment d'excellens chevaux de trait, dont les jambes et les pieds se conservent bien; tandis que, restant dans leur pays, ils sont sujets aux fluxions périodiques, à devenir aveugles, à avoir les jambes engorgées, etc., etc.

Il n'en est pas de même de quelques défauts de conformation, qui forment pour ainsi dire le caractère distinctif de certaines races, comme la tête commune, l'encolure droite, le ventre avalé, les jambes trop fines, les jarrets crochus, etc. Tous ces défauts peuvent diminuer ou disparaître par des appareillemens bien combinés.

Mais les vices de conformation ne sont pas les seuls à écarter des appareillemens. Ceux de caractère ne doivent pas l'être avec moins de soins ; et si l'on dit des bons chiens, qu'ils chassent de race, l'observation a aussi également prouvé que les chevaux qui ont un régime à peu près sauvage, qui sont indomptés et accoutumés à ne faire aucun service utile à l'homme, ou affectés de quelques vices particuliers, donnent des productions qui sont elles-mêmes plus ou moins semblables à leurs pères, et toujours plus ou moins difficiles à dresser à tous les usages auxquels elles sont destinées ; tandis que les productions des chevaux accoutumés aux travaux domestiques, tels que ceux de manége, de selle, de trait, etc., sont toujours facilement et promptement dressées. Il est également rare de voir un étalon doux et docile donner un poulain méchant et rétif. On voit assez fréquemment, au contraire, des étalons et jumens portés à mordre, à ruer ou à se défendre, transmettre ces défauts à leurs descendans. Il ne faut donc pas appareiller ensemble l'étalon et la jument qui auraient quelques-uns de ces vices, mais chercher à détruire ou à diminuer les mauvaises qualités de l'un par les bonnes qualités de l'autre, ou plutôt préférer, pour les appareillemens, les individus les plus doux, et qui ont le plus toutes les qualités qu'exige la domesticité, et rejeter, s'il est possible, ceux qui ont les défauts contraires.

Bourgelat et quelques inspecteurs de haras également instruits ont fait une observation qui doit trouver ici sa place. Quelques étalons choisis, appa-

reillés convenablement avec des jumens du canton
où ils étaient placés, n'ont donné aucune production
pendant plusieurs années. Les premières fois qu'on
eut lieu de remarquer ce fait, on crut les étalons in-
féconds, on les réforma et ils furent vendus; ils ont
été achetés par des particuliers qui, en les faisant
changer de pays, ne les ont pas fait couper. Ils ont
fortuitement, dans leur nouveau domicile, couvert
quelques jumens qui ont donné de belles productions. Ce fait bien constaté a éclairé sur d'autres cas
semblables qui se sont présentés. On s'est borné alors
à changer l'étalon de lieu sans le réformer, et l'infécondité a disparu avec ce nouvel appareillement
plus convenable.

Voici le fait cité par Bourgelat : « Un étalon placé
» dans la paroisse de Marcilly-d'Asergue, appareillé
» deux ans de suite avec un nombre médiocre de
» jumens, ne donnait aucune production; un autre
» étalon, placé dans la paroisse de Grolle, se trou-
» vait pareillement infécond. J'en changeai le pla-
» cement; je fis conduire celui qui était dans la pre-
» mière de ces paroisses dans la seconde, et celui
» qui était dans la seconde fut conduit dans la pre-
» mière. L'année suivante, l'un produisit dix poulains
» et sept pouliches, et l'autre donna onze pouliches
» et sept poulains. Cependant ces deux paroisses, si-
» tuées dans la généralité de Lyon, l'une en plaine,
» l'autre dans la montagne, ne sont distantes que de
» trois lieues. Cette observation, ajoute Bourgelat,
» m'aurait échappé si je n'eusse pas été le maître
» de disposer de ces chevaux, et si les garde-éta-

» lons avaient été les propriétaires incommutables ;
» car alors je me serais vu contraint de les réformer.»

L'influence du climat, du sol et de la nourriture,
doit donc aussi être prise en considération dans l'im-
portations des étalons d'autre pays, pour les appareillemens, et ces observations font voir la nécessité
d'étudier les effets de cette influence sur des animaux pendant long-temps, afin d'obtenir des résultats certains et éviter des erreurs.

On doit sentir que toutes les conditions que nous
avons prescrites pour les appareillemens, et sans lesquelles il n'est pas possible de former des élèves,
de conserver de belles et bonnes races de chevaux,
exigent de la part des propriétaires et des cultivateurs qu'ils suivent avec soin les générations, du
moins en ce qui concerne celles des étalons de quelque distinction. Il est certain qu'aucun des établissemens de haras qui ont joui, et qui jouissent encore de quelque réputation, soit en France, soit à
l'étranger, ne seraient jamais parvenus à l'acquérir,
s'ils n'eussent été sévères observateurs des uns et des
autres de ces points. Comment ceux qui dirigent
ces établissemens pourraient-ils l'être, s'ils ne con-
stataient pas dans des registres exacts et fidèles les
noms des étalons, les haras d'où ils ont été tirés,
les noms et les qualités de leurs père et mère, le
signalement exact, l'âge, la taille, les qualités, les
défauts et les vices des étalons, le lieu de la naissance des jumens avec lesquelles ils sont appareillés, leur signalement, comme celui des étalons, la date de la saillie, celle de la mise bas, le

sexe des productions, ce qu'elles tiennent des pères et mères, etc. ; si enfin ces mêmes productions n'étaient pas l'objet continuel de l'attention la plus suivie dans leur développement, dans leur croissance, dans leur entière formation, et jusque dans leur appareillement pour donner de nouvelles productions à leur tour. Ces registres sont faciles à tenir, et il n'est presque plus de cultivateur intelligent qui n'en ait de pareils, pour se rendre compte de ses opérations d'économie rurale.

Il résulte de tout ce que nous avons dit, que les appareillemens doivent être regardés comme un des objets les plus importans pour l'amélioration et la régénération de nos races de chevaux.

CHAPITRE VII.

DES CHEVAUX FRANÇAIS.

Nous comprenons sous ce nom toutes les races de chevaux qui se trouvent répandues dans l'étendue actuelle du territoire français.

La France possédait quelques belles races de chevaux ; sous les différens gouvernemens de la révolution, elle en avait gagné quelques autres, qui depuis n'en font plus partie.

Dans tous les temps, on n'a ni assez connu ni assez apprécié les anciennes races de chevaux français ; on n'a pas observé que les plus célèbres écuyers français, anglais et autres, qui font faire aux chevaux les plus étonnans exercices, n'ont presque généralement que des chevaux français, et qu'ils ne trouvent, dans aucune autre race étrangère, cette docilité, cette souplesse de mouvemens, cette liberté d'épaules et de jambes, nécessaires à ces sortes de chevaux, et qui caractérisent particulièrement nos races.

Nous passerons successivement en revue les races de chevaux que fournissent les différentes parties de la France, et nous aurons alors une idée complète de nos ressources.

Les départemens du nord fournissent d'excellentes

races de chevaux pour l'agriculture, le harnois, l'artillerie, le carrosse et la grosse cavalerie.

Les Hollandais achetaient autrefois dans la Flandre française, et les Flamands dans quelques parties de la Hollande, un grand nombre de poulains, d'un à deux ans, qu'ils élevaient dans leurs pâturages, et qu'ils revendaient à cinq et six ans comme chevaux de leur pays.

Les plaines de la Beauce étaient et sont encore cultivées par des chevaux entiers du Vimeu, du Boulonais, du Calaisis, de l'Artois. Les cultivateurs les achètent à deux et trois ans, et les revendent à six et sept ans, pour le service des postes et des diligences.

L'Artois et quelques autres parties du nord faisaient des élèves de mulets, mais en petit nombre ; ils étaient minces et de taille médiocre, malgré la conformation étoffée des jumens ; ce défaut de taille venait de la petitesse des ânes employés comme étalons : cette branche est aujourd'hui presque entièrement abandonnée.

Ce qu'on appelait l'Ile-de-France, qui comprenait, outre les environs de Paris, les départemens de l'Aisne, de Seine-et-Oise, de Seine-et-Marne, etc., donnait d'excellens chevaux de traits pour l'agriculture, l'artillerie et les charrois. Appauvris et presque anéantis par les levées continuelles du gouvernement passé, ces départemens, depuis la restauration, possèdent de nouveau un grand nombre de bons chevaux de l'ancienne race.

La Normandie, divisée en cinq départemens, la Seine-Inférieure, l'Eure, le Calvados, la Manche et l'Orne, a toujours fourni d'excellens chevaux de carrosse, de selle, de chasse, de manége et de cavalerie. Le Cotentin, la plaine de Caen paraissent être plus particulièrement destinés aux premiers; la plaine d'Alençon, aux seconds. Le pays d'Auge fournit des chevaux de trait d'une bonne tournure, mais dont la tête est un peu forte et les jambes chargées. Ces départemens sont encore actuellement la partie de la France qui produit les plus beaux chevaux; les races n'ont point été aussi affectées de dégénération que dans les autres, malgré l'introduction qu'on n'a point cessé d'y faire de chevaux métis étrangers.

C'est à la bonté de ses abondans pâturages, à l'industrieuse activité de ses habitans, qui, de temps immémorial, se sont livrés à l'*élève* et au commerce des chevaux; aux encouragemens, à la protection que le gouvernement du roi accorde à cette branche d'industrie, et aux soins particuliers de quelques riches propriétaires, que ce pays est redevable de cette supériorité.

Cependant ces départemens ont été particulièrement ceux qui ont cru régénérer leurs races par l'introduction d'étalons et de jumens anglaises; les résultats n'ont pas répondu à leur attente. Beaucoup de propriétaires sont déjà revenus de cette erreur, et s'efforcent de réparer le mal en adoptant les principes que nous avons déjà énoncés; nous espérons que ces exemples seront suivis, et que bientôt on renoncera entièrement à tenter l'amélioration des races normandes par des étalons anglais; et nous osons en garantir les plus heureux effets.

Quoique les races de chevaux normands ne soient plus ce qu'elles étaient autrefois, les jumens sont encore recherchées par les Espagnols pour le carrosse; les Allemands et les Italiens n'ont pas cessé d'en faire un grand cas; et pendant qu'on vient acheter chaque année un petit nombre de nos beaux chevaux normands pour quelques souverains d'Allemagne, nous envoyons des millions chez eux, moins pour suppléer à notre disette de chevaux, que pour satisfaire un goût et une mode déraisonnables.

L'Anjou, le Maine, la Touraine, le Perche, élèvent une grande quantité de chevaux de trait, et d'autres propres à remonter la cavalerie légère. Il s'en faisait d'excellens le long de la Sarthe et dans les environs de Craon. Cette race a dégénéré, mais il serait facile de la régénérer en employant les moyens que nous avons indiqués. Les chevaux connus sous le nom de percherons sont encore recherchés pour le service des postes et des messageries.

La Bretagne, qui forme aujourd'hui les cinq départemens d'Ille-et-Vilaine, des Côtes-du-Nord, du Finistère, du Morbihan et de la Loire-Inférieure, est, après la Normandie, le pays le plus propre à la multiplication des chevaux. Nous avons déjà dit que cette province fournissait annuellement à la Normandie une très-grande quantité de poulains; elle donne aussi des chevaux de carrosse, de trait et de remonte. Le cheval breton n'est pas aussi beau que le cheval normand, mais il est plus solide et résiste plus long-temps au travail.

Le Morbihan a des doubles-bidets presqu'infatigables, qui ne sont pas assez multipliés pour l'usage des postes.

Les départemens de la Charente, de la Charente-Inférieure, de la Vienne, des Deux-Sèvres, de la Vendée et de Maine-et-Loire fournissent de bons chevaux pour tous les usages. Ils en sortaient ordinairement avant trois ans. Les Normands en enlevaient les poulains propres à la selle et au carrosse; quelques parties du Berry et de la Beauce y allaient chercher des chevaux pour la culture des terres.

La Gatine, dans le département de la Vendée, avait quelques haras particuliers qui fournissaient d'excellens chevaux de chasse; ils ont été détruits avec la race qu'ils formaient.

Le Poitou possédait des chevaux d'une forme peu élégante, mais très-forts; pour en tirer des chevaux de cavalerie, on y introduisit, il y a trente ans, des étalons anglais et normands. Les jumens poitevines donnèrent par ces croisemens des productions moins étoffées que leurs mères, d'une forme moins lourde, plus convenable et plus agréable pour la selle; mais elles ont perdu en force ce qu'elles ont gagné en élégance, et elles durent beaucoup moins longtemps.

Les mulets faisaient et font encore une partie considérable du commerce du Poitou; on en élève principalement dans les cantons de Melle, de Saint-Maixant, de Niort, de Champdenier, département des Deux-Sèvres, et dans les cantons de Lusignan et de Contré, département de la Vienne. Le seul arrondissement de Melle possède au moins six mille jumens employées à la production du mulet. Les arrondissemens de Niort, de Parthenay, de Thouars, en possèdent aussi un grand nombre. Cette branche de commerce a beaucoup souffert depuis l'invasion de l'Espagne par Napoléon, et les troubles qui ont agité ce pays : il est à présumer qu'elle reprendra peu à peu son ancienne activité.

Les mulets sont encore recherchés par les fariniers de la Beauce, par les Auvergnats et par les habitans des provinces méridionales, qui n'en font pas assez pour leurs besoins et pour leur commerce. On en exportait autrefois beaucoup pour les colonies. Cette branche de commerce a beaucoup diminué, et est presque entièrement détruite depuis la perte de Saint-Domingue : elle était d'autant plus importante, qu'elle passait par plusieurs mains, et vivifiait plus long-temps le pays. Les belles mules sont vendues à six mois de quatre cents à six cents francs aux cultivateurs, qui les font travailler jusqu'à l'âge de quatre ou cinq ans; alors elles sont revendues de mille à douze cents francs pour être exportées.

Le Berry, formant les deux départemens de l'Indre et du Cher, produit des chevaux de trait et de cavalerie. Beaucoup de parties du département du Cher possèdent encore une grande quantité de jumens propres à faire des élèves; mais on y manque d'étalons convenables.

Le Limosin, l'Auvergne et le Périgord, qui forment aujourd'hui les départemens de la Haute-Vienne, de la Creuse, du Puy-de-Dôme, de la Corrèze, du Cantal et de la Dordogne, ne peuvent être comparés à aucune autre partie de la France pour les chevaux de selle. La race connue sous le nom de *limousine* était aussi distinguée par la figure que par la vigueur, la légèreté, la finesse et la durée; et, recherchée de tous les étrangers, elle donnait de superbes chevaux de maître, d'officier et de manége. Elle n'était en état de rendre un service utile et suivi qu'à six et sept ans, mais elle était encore bonne à vingt-cinq et trente.

Cette race n'existe que dans un petit nombre d'individus d'autant plus précieux qu'ils sont devenus très-rares. Sa dégénération est due à l'introduction d'étalons étrangers de la plus grande médiocrité, au service prématuré qu'on a voulu en tirer, et qui en a empéché le développement, et au découragement que la fureur pour les chevaux anglais répand généralement parmi tous ceux qui s'occupent en France de l'*élève* des chevaux. Ces départemens élèvent aussi des mulets; mais ils sont plus petits que ceux du Poitou, et d'un prix inférieur.

La Guienne, la Navarre, le Béarn, le Condomois, le pays de Foix, le Roussillon, et quelques autres provinces, formant les départemens de la Gironde, de Lot-et-Garonne, des Landes, du Gers, des Hautes et Basses-Pyrénées, de l'Aude, etc., possédaient une excellente race, recommandable par sa vigueur, sa souplesse et sa légèreté, et qui se ressentait de son origine espagnole. Les chevaux *navarrois* jouissaient d'une grande réputation pour le manége et pour la guerre; ils étaient excellens pour monter la cavalerie légère; mais on a beaucoup négligé cette race, et elle est tombée dans un état de dégénération presque totale. Heureusement que la nature a donné à ces provinces un sol propre à l'*élève* des chevaux, et la facilité d'introduire sans beaucoup de frais des étalons espagnols; ce qui laisse espérer qu'avec des procédés sages et soutenus, cette race reprendra bientôt son type originaire, qu'elle n'aurait pas dû perdre.

Dans le département de la Gironde, les chevaux du Blaquis sont mous et hors d'état de supporter un travail fatigant; ils périrent presque tous dans les dépôts, lors des réquisitions révolutionnaires et impériales. Immédiatement après le desséchement des marais de Bluge, on fit venir des étalons du Poitou, qui donnèrent de bons chevaux d'attelage; malheureusement ils ne furent pas renouvelés, et les productions dégénérèrent promptement. Quelques propriétaires s'appliquent actuellement à bonifier cette race; mais leurs étalons sont généralement mal choisis et mal appropriés.

Dans le département du Lot il y a beaucoup de jumens propres à la propagation, mais il y manque aussi des étalons convenables pour améliorer la race.

Dans celui des Basses-Pyrénées, comme dans tous les autres départemens méridionaux, les chevaux sont peu sujets aux maladies de jeunesse, et surtout à la gourme.

La foire d'Oleron, dans ce département, était autrefois très-fréquentée par les étrangers et les officiers de cavalerie chargés de la remonte de leurs corps. Il existe encore de belles jumens dans les vallées; mais les spéculations des habitans se dirigent toutes vers l'*élève* des mulets, qui cependant sont inférieurs à ceux du Poitou.

L'arrondissement de Narbonne a quelques haras particuliers qui fournissent des chevaux robustes et infatigables, mais petits et d'une mauvaise construction; résultat de l'insouciance des propriétaires, habitués depuis long-temps à ne se servir que des étalons du pays, sans discernement et sans choix. L'arrondissement de Carcassonne manque également de bons étalons.

Le département du Gers avait autrefois des chevaux très-recherchés; les réquisitions ont détruit cette race et enlevé même les étalons que quelques particuliers avaient conservés. Aujourd'hui les cultivateurs ont presque entièrement abandonné l'*élève* des chevaux, pour se livrer uniquement à celle des mulets, que les Espagnols achètent à l'âge de six mois, et paient aussi cher que les chevaux de trois ou quatre ans.

Nous avons déjà dit que quelques provinces du midi faisaient le commerce des mulets. Leurs marchands les allaient chercher dans l'intérieur, les revendaient aux cultivateurs, qui, après quelques années, les revendaient en Turquie, dans les états Barbaresques, en Espagne, en Italie, aux habitans des Pyrénées et des Alpes.

Les départemens de l'Aveyron, du Lot et du Tarn ont une race de chevaux ressemblant assez à celle des navarrins, et propre aux troupes légères. Ces chevaux, quoique tardifs, acquièrent beaucoup de vigueur, de nerf et de légèreté, lorsqu'ils sont attendus ; on y trouve encore de belles poulinières.

L'île de la Camargue, dans le département des Bouches-du-Rhône, a une race de chevaux qui y vit en liberté toute l'année, et se reproduit comme les chevaux sauvages. Ils sont petits, vifs et vigoureux ; leur conformation est peu régulière, mais ils seraient bien facilement susceptibles d'amélioration. Cette race doit son origine à un haras que Louis XV fit établir dans cette île ; ce haras fournissait dans son temps des chevaux assez distingués par leurs formes et leurs qualités pour être placés dans les écuries du monarque.

L'île de Corse possède aussi une excellente race de chevaux, semblables aux chevaux *sardes*, avec lesquels ils paraissent avoir une origine commune ; mais quoiqu'ils soient dégénérés pour leur taille, qui est petite, ces chevaux sont très-sûrs de jambes et très-forts ; ils conviennent particulièrement au sol montueux sur lequel ils vivent.

L'ancienne généralité de Grenoble et le Dauphiné, aujourd'hui les départemens des Hautes-Alpes et de l'Isère, avaient une très-grande quantité de jumens poulinières, et donnaient de bons chevaux pour la cavalerie légère ; le roi de Sardaigne y faisait faire des remontes ; quelques autres états d'Italie en tiraient aussi des chevaux. Cette race a éprouvé le sort commun ; l'exportation est aujourd'hui nulle ; la Savoie et d'autres états de l'Italie ont préféré acheter en Allemagne des chevaux de troupes et de luxe.

La Franche-Comté, aujourd'hui les départemens du Jura, de la Haute-Saône et du Doubs, donnait une grande quantité de chevaux de trait et de cavalerie ; elle fournit encore à quelques pays limitrophes des chevaux propres à l'agriculture.

Le département de la Haute-Saône offre beaucoup de ressources pour élever une belle race de chevaux ; il possède une grande quantité de bonnes jumens poulinières, et ses pâturages sont excellens.

La haute et basse Alsace, départemens du Haut et du Bas-Rhin, ont élevé de tout temps beaucoup de chevaux entiers propres à la culture de la terre, à la cavalerie et à l'artillerie. Ce sont encore ces départemens qui ont fourni une grande quantité de chevaux pour la dernière campagne d'Espagne. Presque tous les cultivateurs riches entretiennent un étalon pour la monte, et on en trouve de beaux.

La Bourgogne, formant les départemens de Saône-et-Loire, de la Côte-d'Or et de l'Yonne, produit aussi des chevaux d'une grande ressource pour l'agriculture, l'artillerie et la cavalerie.

Quelques parties de cette province, et principalement le département de l'Yonne, élèvent une assez grande quantité d'ânes pour les travaux de l'agriculture, particulièrement pour la vigne. La race y est petite et a toujours été négligée ; elle serait susceptible d'amélioration.

Le Forez, formant le département de la Loire, avait, avant la révolution, une race sensiblement améliorée. Les chevaux étaient propres à la cavalerie.

Le département de la Haute-Loire, ou plutôt la portion de la haute Auvergne qui en fait partie, avait quelques haras et produisait de bons chevaux.

Le Bourbonnais, le Nivernais, aujourd'hui les départemens de l'Allier et de la Nièvre, élevaient de bons chevaux de trait pour les différens services de l'armée. Le Morvan a fourni à la gendarmerie et aux troupes légères une race de chevaux plus recommandable par ses qualités que par sa beauté; elle est d'une taille moyenne, mais étoffée, robuste, résistant long-temps au travail, et n'étant pas difficile pour la nourriture. En prenant des mesures convenables, cette race est propre à se perfectionner promptement.

La Champagne, formant les départemens de la Marne, de la Haute-Marne et de l'Aube; la Lorraine et les Trois-Évêchés, formant les départemens des Vosges, de la Meuse, de la Meurthe et de la Moselle, ont beaucoup de chevaux, mais en général de peu de figure et de petite taille, malgré les pâturages abondans et de bonne qualité dont ces provinces sont pourvues. C'est des guerres sous Louis XIV que date la dégénération de ces races; les cultivateurs, obligés de fournir aux magasins des armées et à toutes les réquisitions, privés des subsistances nécessaires pour les animaux qui leur restaient, firent comme beaucoup de ceux de nos jours, ils évitèrent d'avoir des chevaux de taille, et se bornèrent à de petits chevaux *rabougris* et défectueux qui suffisaient à leurs besoins, et que les réquisitions rejetaient.

Le département de la Moselle n'a que des chevaux de la taille de quatre pieds tout au plus, et il s'est vu forcé, pour fournir son contingent dans les levées, d'acheter des chevaux à ses voisins.

Les environs de Rocroy avaient éprouvé une amélioration marquée dans la race de leurs chevaux, par les soins du comte Esterhazy ; ces chevaux sont d'une taille plus avantageuse ; les jumens y sont encore passables, et pourraient, facilement appareillées avec des étalons convenables, régénérer cette race. Les habitans des bords de la Meuse élèvent aussi des chevaux d'une race plus forte et d'une assez bonne conformation, propres à la cavalerie et à l'artillerie.

Le département de la Meurthe possède au-delà de vingt-cinq mille jumens et vingt mille chevaux ; toutes les jumens ne sont pas propres à la reproduction et ne sont pas placées convenablement. Cette race, d'une conformation désagréable, dont la tête est grosse et les jambes minces, est cependant capable de supporter les fatigues. Elle est le produit dégénéré des chevaux turcs que les ducs de Lorraine, qui commandèrent les armées impériales, amenèrent successivement en assez grand nombre dans leurs états.

Le haras de Rosières fait un bien considérable à ce département ; les productions venant des étalons de ce haras sont de la plus belle espèce, et ont beaucoup acquis quant aux formes et à la taille : il est facile de voir que l'on peut relever la race entière, si on s'applique à détruire parmi les cultivateurs les préjugés de l'ignorance et de l'habitude.

Nous croyons cependant que le haras de Rosières n'est pas avantageusement situé. La nature salée et bourbeuse de ses eaux est préjudiciable aux élèves, qui n'acquièrent pas le développement nécessaire ou qui périssent de bonne heure.

Le département des Vosges a plus de vingt mille jumens et chevaux ; mais la race est petite, abâtardie et dégénérée. Cette dégénération remonte à la guerre de 1740, pendant laquelle l'épizootie fit de grands ravages parmi les chevaux de ce pays. Les cultivateurs, ruinés par cette maladie et par des corvées lointaines, ne purent réparer leurs pertes qu'en employant à la reproduction les jumens épuisées et hors d'âge qui leur restaient. Le gouvernement négligeait de venir à leur secours.

Les chevaux ardennais sont nerveux, sobres, durs au travail et du meilleur service ; ils ont en général la côte plate. Cette race est très-susceptible d'amélioration, et deviendrait propre à monter les troupes légères.

On voit, par ce tableau des chevaux français, que notre pays est un de ceux de l'Europe les plus susceptibles de fournir et d'élever les races les plus belles et des meilleures qualités, et nous devons ajouter que, par la nature variée de ses pâturages et de son sol, il est le plus avantageusement situé pour établir des haras. Il suffira sans doute, sous un gouvernement qui s'occupe sans relâche d'encourager et de favoriser toutes les branches de l'industrie nationale, d'indiquer et de faciliter les moyens de régénérer cette partie de l'agriculture, pour diriger l'attention de ses nombreux et industrieux habitans sur ce but important.

CHAPITRE VIII.

INTRODUCTION DES CHEVAUX ÉTRANGERS.

DANS les chapitres précédens, nous avons fait voir la nécessité indispensable de régénérer nos races de chevaux par des races étrangères ; nous passerons en revue, dans celui-ci, celles de ces races que nous croyons capables de produire ce résultat.

Nous avons déjà dit que les chevaux amenés en France après les croisades avaient été la souche de nos belles races, et qu'elles ne s'étaient abâtardies et perdues que faute par nous d'avoir recouru au même moyen dont nos voisins ont su tirer depuis un parti si avantageux. Il n'y a que deux siècles que nous étions encore au-dessus d'eux dans cette partie, et que Henri IV envoyait à Élisabeth de beaux chevaux provenant de nos haras de Berry, qui étaient supérieurs à tout ce que l'Angleterre avait alors. Il y a plus, Bourgelat et Chabert choisirent et envoyèrent en Angleterre des étalons normands parfaitement purs que nous nous contentions d'admirer froidement chez les marchands, et auxquels les Anglais, juges plus éclairés et plus instruits, rendaient un hommage bien fait pour dessiller les yeux de la multitude. Nous sommes aujourd'hui, sur ce point, en arrière de presque toutes les nations de l'Europe.

Les Anglais surtout, non-seulement nous ont laissés très-loin, mais ils ont encore eu l'art de profiter de notre insouciance, de notre paresse, et, il faut le dire, de notre ignorance, en s'appropriant des chevaux que nous dédaignions, ou dont nous n'étions pas en état de juger les qualités.

L'étalon arabe appelé *Godalphire*, du nom de son propriétaire, a été acheté à Paris pour dix-huit louis, comme un cheval de réforme dont nous n'avons tiré aucun parti. Il a fourni à l'Angleterre *Baybrun, Masque, Régulus,* et une foule d'autres excellens chevaux de course, dont nous avons acheté les descendans à des prix énormes.

Il faut espérer que, mieux éclairés, plus instruits sur nos véritables intérêts, favorisés comme nous le sommes par un gouvernement tout paternel, par la beauté de notre climat, par la bonté de nos pâturages, nous nous hâterons de regagner ce qu'une trop longue apathie, jointe aux suites de nos sanglans bouleversemens, nous a fait perdre, et d'employer à l'amélioration et à la multiplication de nos chevaux une partie des sommes excessives que nous sommes obligés d'exporter annuellement pour acheter ceux qui nous manquent.

CHAPITRE IX.

CHEVAUX ARABES.

Le cheval arabe est, de l'aveu de tous les écrivains et de tous les observateurs, le premier cheval du monde, soit par la nature de son climat natal, soit par les soins sans exemple que les Arabes ont toujours donnés à la conservation de cette race dans toute sa pureté ; conservation telle que quelques personnes pensent qu'elle n'a souffert encore aucune espèce de dégénération.

Cette race, qui a, pour ainsi dire, exclusivement le droit d'améliorer et de régénérer toutes celles avec lesquelles on la croise, et de perpétuer cette amélioration et cette régénération presque à l'infini, s'est étendue partout, et en a donné d'autres qui l'ont conservée, et dans lesquelles on retrouve encore, après des siècles, les traces du type originel.

Le cheval arabe n'est pas beau, d'après l'idée que nous nous formons de la beauté des chevaux en général : il a la tête presque carrée, le chanfrein creux, l'encolure droite et quelquefois même renversée, ce qu'on appelle *encolure de cerf.* Cette conformation, que l'on regarde comme un défaut, est donnée par la nature à tous les animaux qu'elle destine à fournir de longues courses, et il suffit de connaître les premières lois de la physiologie animale, et celles du mouvement, pour en sentir la nécessité. Quelques auteurs ont donné au cheval arabe une encolure *rouée;* ces auteurs n'avaient pas vu de chevaux arabes. Ce cheval a la peau fine, le poil ras, les vaisseaux sanguins très-apparens; les apophyses qui servent d'attaches aux muscles sont fortement prononcées; les muscles le sont eux-mêmes et se dessinent bien sous la peau; les articulations sont larges et fortes, exemptes de toutes ces tares si fréquentes dans nos races dégénérées; les jambes sont fines, et pas plus chargées de poil que le reste du corps; les cordes tendineuses de ces parties sont bien détachées des canons, et le pied est excellent et sûr. Le cheval arabe est sobre, se nourrit aisément et de peu de chose; il fait habituellement dix-huit à vingt lieues par jour, quelquefois davantage; il s'use difficilement, et il est long-temps en état de service. On admire le cheval sous l'homme, dressant sa tête et l'encolure de manière à couvrir entièrement son cavalier, portant sa queue avec une grâce inimitable; et tout dans ce cheval annonce la vigueur, la force, la durée et la bonté. C'est cette réunion de qualités applicables à tous les usages, et qu'il communique éminemment à ses descendans, qui le met au premier rang sans rivalité. On lui a reproché d'avoir les jambes trop fines, mais cette finesse n'est point un défaut dans les animaux des climats chauds, dont les os sont plus durs que ceux des animaux des climats froids, et dans lesquels, par conséquent, les canons, quoique minces, ne sont pas moins forts. Ce sont les qualités,

exclusivement à la beauté, qui rendent le cheval utile;
ce sont donc les qualités auxquelles on doit principalement s'attacher dans les chevaux et jumens destinés aux haras. Voilà pourquoi, en Angleterre, de
deux chevaux qui ont couru, et qui sont exposés en
vente, l'un beau et bien fait, mais qui n'a pas gagné
la course, est donné pour vingt-cinq ou trente guinées; tandis que l'autre, moins beau, moins bien fait,
mais qui est réellement meilleur, plus nerveux, et
qui a plus d'haleine et de fond, en un mot plus de
qualités que le premier, puisqu'il l'a emporté sur lui,
est vendu quatre cents, cinq cents, et jusqu'à plusieurs milliers de guinées lorsqu'il n'a plus de rivaux.

Les Arabes distinguent deux races de leurs chevaux, l'une parfaitement pure, dont ils ont la généalogie positive de temps immémorial, et que la tra-
dition du pays fait descendre des haras de Salomon.
Ils nomment cette race *kochláni* ou *kohejle*, d'après
Niebuhr, et *kailleau* d'après *Fouché d'Obsonville*.
Ces chevaux peuvent soutenir les plus grandes fatigues, et passer des journées entières sans nourriture;
on leur donne au coucher du soleil cinq ou six livres
d'orge, et quelquefois sous la tente un peu de paille
d'orge hachée. Ils ne sont pas de grande taille, il est
très-rare qu'ils outre-passent quatre pieds huit pouces;
celle du plus grand nombre est de quatre pieds cinq
à six pouces; mais ils sont très-vites à la course, et
ils ont un fond d'haleine, pour ainsi dire, inépuisable; aussi les Arabes les estiment-ils pour leurs qualités, et nullement pour leur beauté. Ils ne servent
que pour monter, et jamais pour aucun autre travail.

Cette race est principalement élevée par les Arabes Bedouins, entre Bassora, Médine et la Syrie, où les grands ne veulent pas monter d'autres chevaux : il y en aussi à *Dsjof*, dans la province de *Yemen*. Elle se divise en plusieurs familles, dont quelques-unes sont encore préférées aux autres.

Les Arabes vendent les étalons de cette race assez facilement, quoique très-chers; mais ils ne vendent pas les jumens, surtout pour sortir du pays, et ce n'est, pour ainsi dire, que par supercherie ou à force d'argent qu'on peut espérer d'en obtenir. Ces jumens jouissent exclusivement du privilége de transmettre la pureté de leur race à leurs descendans, et c'est toujours par les mères que l'on compte les généalogies : on ne dit pas que tel poulain vient de tel étalon, mais qu'il est fils et petit-fils de telles jumens. La noblesse des étalons n'est qu'individuelle.

La seconde race des chevaux arabes est appelée *kadischi* par *Niebuhr*, et *hatik* par *Fouché d'Obsonville*; ce n'est, à proprement parler, qu'une dégénération ou un croisement de la première, et dont la généalogie est inconnue. Ces chevaux servent à tous les usages ordinaires de la domesticité; ils sont bien moins estimés et bien moins chers que les *kochlâni*, quoique cependant il s'en trouve quelquefois de supérieurs à ceux-ci, et qu'en les choisissant avec soin et en y mettant un prix convenable, on puisse s'en procurer de fort bons.

On ne fait jamais couvrir de jumens de la première race par des étalons de la seconde; et lorsque cela arrive par hasard, le poulain est réputé de la race du père, tandis qu'au contraire si l'on fait, ce qui arrive souvent, couvrir les jumens de la seconde race par des étalons *kochlâni*, le poulain est toujours réputé de la race de la mère, c'est-à-dire *kadischi*. Cela tient à l'idée avantageuse que les Arabes ont de leur première race ; idée bien propre à la conserver dans toute sa pureté, en en excluant tous les mélanges.

Ils ne font couvrir leurs jumens qu'en présence d'un témoin qui reste vingt jours auprès d'elles, pour être sûr qu'aucun étalon commun ne les déshonore. Quand elles mettent bas, le même témoin doit également être présent ; le certificat de la naissance légitime du poulain est expédié juridiquement dans les sept premiers jours ; et quoique les Arabes ne se fassent pas toujours scrupule de faire un faux serment, il n'y pas d'exemple qu'ils aient jamais signé une fausse attestation touchant la naissance d'un cheval, parce qu'ils sont intimement persuadés que le bonheur et la prospérité de leur famille y sont attachés.

Cette attention scrupuleuse des Arabes à ne point croiser la race de leurs chevaux avec des races étrangères, et à la conserver parfaitement pure, en alliant les plus beaux individus entre eux, à quelque degré de consanguinité qu'ils soient, est conforme à ce que nous avons dit en parlant de *la conservation de nos races*, aux chapitres qui traitent du *croisement* et de l'*appareillement* ; elle est conforme aussi à ce qui se passe parmi quelques autres races qui ont conservé leur réputation en ne s'alliant avec aucune race étrangère. Elle

prouve que la consanguinité n'est pas aussi à redou-
ter que quelques auteurs modernes l'ont prétendu;
qu'elle ne tend à la dégénération que lorsqu'elle perpétue des vices héréditaires, et que, dans ce cas, elle
doit être proscrite avec soin; mais qu'au contraire,
elle doit être favorisée toutes les fois qu'elle tend à
reproduire des beautés et des perfections. Nous avons
quelques preuves sans réplique de cette vérité dans
la race des moutons d'Espagne à laine fine, qui s'est
entretenue en Suède, depuis plus d'un siècle, dans
toute sa pureté, par des individus de la même famille; dans le troupeau de *Daubenton*, qui fut amélioré, pendant trente ans, de la même manière; enfin dans notre beau troupeau de Rambouillet, qui,
depuis 1786, s'est non-seulement conservé, mais
encore perfectionné, quoiqu'on n'ait jamais cherché
à éviter la consanguinité, et qu'on se soit borné seulement à écarter avec soin de la reproduction les
animaux les moins beaux.

Niebuhr a vu encore, dans le domaine de l'*Imâne*,
province d'*Yemen*; les personnes de qualité mon-
tées sur des chevaux plus grands et plus beaux que
les *kochïâni*; et il paraît que ce sont de ces chevaux
arabes que les Anglais achètent à *Moka*, jusqu'à
quatre et cinq cents guinées, et au-delà. M. Richard
Wall assure qu'il y a dans l'*Yemen* des personnes qui
ne vendent pas leurs plus beaux étalons moins de cinq
mille guinées.

Il serait bien important d'avoir des étalons de ces
différentes races, pour les répandre sur tous les points
de la France où ils pourraient convenir. Les che-

vaux arabes ont réussi dans différentes parties de la France, ils ont réussi en Angleterre, en Allemagne, en Prusse, aux Deux-Ponts, et ils produiront partout le plus heureux résultat.

Le cheval arabe fait bien avec toutes les races, même avec celles qui sont plus grandes que lui, et de figure tout-à-fait différente ; on peut dire qu'en fondant ses formes dans celles de la race qu'il croise, il lui communique ses qualités. Ce n'est pas toujours dès la première génération que cette fonte de formes est visible ; nous avons déjà dit ailleurs que ces premières productions étaient *décousues*, mais que si on les attendait, pour en faire race, en les croisant de nouveau, leurs productions, moins *décousues*, étaient plus rapprochées des formes du père et de la mère. C'est ainsi, par exemple, qu'un cheval arabe, croisé avec une jument normande, ne donnera pas un beau poulain ; mais ce poulain, excellent par les qualités de ses ascendans, en donnera qui seront plus beaux et non moins bons que lui. C'est ainsi que les Anglais, avec une patience et une persévérance qu'il est bien à désirer que nous imitions, ont attendu des résultats qu'ils ne pouvaient soupçonner médiocres ou mauvais, et qui les ont complétement dédommagés de leurs avances et de leur attente, par la régénération et l'amélioration de toutes leurs races.

L'ancienne administration des haras a plusieurs fois fait venir des chevaux arabes ; mais les prix trop limités qu'elle fixait pour ces achats ; et souvent le manque des connaissances suffisantes de ses agens, ne permettaient pas d'obtenir des sujets convenables.

Elle tirait par la Méditerranée, des côtes de Syrie et d'Afrique, des étalons, et elle y mettait de mille à douze cents francs, et tout au plus deux mille francs.

Il n'est pas possible de se procurer à de pareils prix des chevaux de bonne race, puisque le moindre des *kochlâni* est vendu de quatre à cinq mille francs, jusqu'à dix et douze mille francs, et que les *kadischi*, lorsqu'ils sont bien choisis, coûtent jusqu'à trois mille francs. Les chevaux arabes que l'administration a fait venir n'ont été en général que des *kadischi* achetés à bas prix, et par conséquent, de la plus médiocre espèce : aussi un très-petit nombre seulement a donné de bonnes productions.

Quoique depuis la restauration le gouvernement ait dépensé des sommes considérables pour l'amélioration des races de nos chevaux, soit en achats d'étalons, soit en primes d'encouragement, des principes d'économie ou des préjugés ont encore fait négliger à l'administration des haras de se procurer des chevaux arabes de la première race. Tout Paris a vu, à différentes époques, depuis 1815, des chevaux arabes exposés en vente, et parmi eux des individus de la plus belle espèce, sans qu'aucun d'eux ait trouvé des acquéreurs en France. Le mauvais succès de ces spéculations, dont le résultat aurait dû tourner à l'avantage du pays, a entièrement découragé ceux qui s'y sont livrés; les uns ont été ruinés, et se sont vus, après un ou deux ans d'attente, obligés de se défaire de leurs chevaux à vil prix; les autres se sont décidés à les garder pour leur pro-

pre usage ; ce qui est arrivé à quelques riches particuliers, amateurs et appréciateurs éclairés des chevaux arabes.

Il y a peu d'années que deux personnages aussi
distingués par leurs connaissances et par leur patrio-
tisme que par leur rang élevé, M. le vicomte Sos-
thène de La Rochefoucault et M. le comte de Clermont-Tonnerre, ont fait venir, pour leur propre
compte, dix à douze chevaux arabes, dont la majeure partie de la race des *kochlâni* ; ces animaux
précieux avaient été choisis avec un soin extrême
par des hommes capables, dont l'un, natif du pays,
était parent d'un chef de tribu ; ce qui particulièrement a déterminé les Arabes à vendre leurs
plus beaux chevaux. Tout paraissait conspirer à
faire perdre à la France une acquisition aussi précieuse : après une absence de près de deux ans, les
agens de ces messieurs, arrivés à Marseille, obtien-
nent avec bien de la peine la permission de débarquer leurs chevaux ; mais, au lieu d'obtenir des autorités la permission de les placer dans les écuries
de la quarantaine, on les oblige, malgré des pluies
continuelles, de bivouaquer sur la plage pendant six
semaines. Le changement subit du climat brûlant du
désert, à celui de l'hiver pluvieux de la Provence,
la mauvaise qualité des fourrages que les préposés
du lazaret fournissaient à des prix exorbitans, auraient suffi sans doute pour les perdre tous ; cependant, malgré ces procédés injustes et vexatoires, et
qui étaient excités par le refus de satisfaire à la cupidité
d'un employé, deux de ces chevaux seulement eurent

à s'en ressentir. Les propriétaires n'avaient envisagé dans cette entreprise que le bien de leur pays; ils connaissaient parfaitement l'état de dégénération de nos races, et le seul moyen de les régénérer; ils étaient disposés à céder une partie de ces beaux chevaux à l'administration des haras, au prix coûtant; mais l'agent principal, chargé d'achats semblables, par des raisons inconnues, ne jugea pas à propos de choisir un seul de ces étalons, quoiqu'il y en eût d'une taille et d'une beauté dont on n'avait pas encore eu d'exemple en France. Sans doute les prix de quinze à vingt-cinq mille francs, et l'intérêt particulier, joints à l'anglomanie, en empêchèrent l'acquisition. Heureusement que cet oubli de nos véritables intérêts n'amena pas l'exportation de ces étalons. M. le comte de Clermont-Tonnerre et M. le vicomte de La Rochefoucault les ont envoyés dans leurs terres, et nous sommes persuadé que les départemens dans lesquels ils se trouvent actuellement recueilleront les fruits de leur zèle patriotique.

Notre armée d'Égypte ramena avec elle des chevaux et des jumens arabes qui venaient des tribus du désert. Ces tribus sont en possession de très-bonnes races de chevaux, surtout celles du bord de l'Euphrate et du Tigre, entre Bagdad et Bassora; elles conservent également ces races avec un très-grand soin dans toute leur pureté et sans aucun mélange. Ces Arabes vivent avec leurs chevaux, les admettent dans leurs tentes et les regardent comme faisant partie de leur famille; les poulains sont élevés avec les enfans; les jumens sont de la plus grande douceur; les Arabes ne les battent point, les traitent avec égard, en prennent le plus grand soin, leur parlent et *raisonnent* avec elles. Nous avons déjà fait voir combien ce genre d'éducation avait d'influence sur le caractère et les qualités des productions. Ces jumens sont préférées pour monture aux chevaux, non - seulement parce qu'elles ne hennissent point, mais encore parce que les Arabes prétendent qu'avec au moins autant de légèreté, elles ont plus d'haleine et de docilité, et supportent mieux la chaleur, la faim et la soif. On en a vu, dans des cas pressans, fournir une carrière de cent lieues sans prendre de repos et sans en être incommodées. Il y a long-temps que *Shaco* et d'autres voyageurs ont fait l'éloge de la bonté des chevaux d'Égypte et des chevaux des Arabes du désert; quelques-uns même prétendent avec assez de fondement que ces derniers sont la souche des chevaux arabes dont nous avons parlé d'abord. Ces chevaux se vendent de trois à dix mille francs; les jumens coûtent un tiers de plus; et celles d'un plus grand prix ne se vendent que sous la réserve des productions.

Cette remonte, si importante dans les circonstances où la France se trouvait alors, aurait pu devenir l'époque d'une régénération générale des races de nos chevaux. Malheureusement le gouvernement de ce temps ne s'en est occupé que faiblement, et a négligé de faire tourner au profit de la prospérité nationale la seule circonstance favorable de cette malheureuse expédition.

Il aurait fallu envoyer la plus grande partie de

ces chevaux et jumens dans la partie méridionale de la France ; et alors ils eussent pu successivement fournir à la partie septentrionale des étalons propres à concourir à la régénération. Il aurait fallu qu'en donnant lui-même l'exemple, le gouvernement eût engagé les savans et les officiers revenus d'Égypte, qui avaient eu l'occasion d'observer l'*élève* de ces races dans leur patrie, à contribuer, par leurs connaissances acquises, à la restauration des nôtres. Rien de tout cela n'a été fait ; on a laissé échapper cette circonstance heureuse ; la majeure partie de ces chevaux a été de nouveau employée dans les campagnes d'Italie et d'Allemagne, où ils ont péri. Quelques-uns, restés en France, ont été à la vérité destinés à la reproduction, mais sans choix et sans discernement, de sorte qu'ils n'ont laissé presque aucune trace d'une amélioration réelle dans nos propres races.

CHAPITRE X.

CHEVAUX PERSANS.

Ces chevaux sont, après les arabes, dont ils descendent, ceux qui méritent le plus notre attention; en général, tout ce que nous avons dit des premiers est applicable à ceux-ci et aux autres chevaux asiatiques dont nous avons encore à parler. On dit à cet égard, dans le pays, qu'un excellent cheval persan pourra, à la course, égaler un bon cheval arabe, peut-être même l'emporter sur lui, pendant à peu près deux lieues; mais dans une course plus longue, l'arabe le laissera absolument en arrière.

Le cheval persan a la tête plus fine et la croupe mieux faite que le cheval arabe.

Il y a au nord de la Perse une race plus forte que nos chevaux normands, qu'on laisse paître pendant neuf ou dix mois de l'année dans les pâturages abondans du Chirvan et du Mazandéran; les chevaux de cette race sont recherchés pour la cavalerie persane.

Il paraît que les Persans soignent leurs races et les conservent avec le même soin que les Arabes. D'Obsonville et Olivier, qui ont parcouru ce pays, pensent, d'après la similitude du climat de plusieurs parties de ce pays avec celui de la France, que ces races pourraient non-seulement s'y conserver pures, mais encore s'y perpétuer, et donner des productions aussi bonnes que dans leur pays, en prenant pour leur conservation les précautions que ces peuples emploient.

On transporte beaucoup de chevaux persans dans la Turquie et à Constantinople, où on en trouve quelquefois à des prix raisonnables. On pourrait en faire venir par l'entremise des agens commerciaux de Bagdad, par les caravanes, par Alep, et de là à Alexandrette, ou par Constantinople, Érivan, ou Trébisonde. Quelle qu'en soit la dépense d'achat et de frais de transport, on en sera amplement dédommagé par l'amélioration et la valeur des productions.

Le cheval persan a été transporté en Angleterre pendant le règne d'Élisabeth, et il y a donné d'excellentes productions; mais les Anglais lui ont préféré le cheval arabe, dès qu'ils ont été à portée de se procurer ce dernier et d'en reconnaître les résultats.

CHAPITRE XI.

CHEVAUX BARBES.

Les chevaux barbes, ou de la Barbarie, ou des états Barbaresques, ont l'encolure mieux faite que les chevaux arabes, ou plutôt elle est plus ronde, et ce qu'on appelle *mieux sortie de garot;* par conséquent ils sont moins propres à courir que les premiers ; aussi étaient-ils plus recherchés pour le manége que pour tout autre service. Ils jouissaient autrefois d'une très-grande réputation, et tout le monde connaît les avantages que la cavalerie *numide* procura aux armées romaines, dès qu'elle y fut incorporée. Ces chevaux ont la tête plus fine que les arabes, le chanfrein, au lieu d'être creux comme dans ceux-ci, est assez ordinairement *busqué* ou *moutonné;* les épaules sont plates, la croupe un peu longue, et ils sont assez souvent long-jointés. Le cheval barbe a plus de figure que le cheval arabe, il est à peu près de la même taille, et on en voit très-rarement au-dessus de quatre pieds neuf pouces. Il est froid dans ses allures, et a besoin d'être *recherché* et mis en train peu à peu ; alors on lui trouve le nerf, la vigueur, la vitesse et la légèreté qu'il tient du cheval arabe, dont il paraît descendre.

C'est dans les royaumes de Maroc et de Fez qu'on

trouve aujourd'hui les meilleurs chevaux barbes. Au reste, les Maures sont loin d'avoir pour leurs chevaux les mêmes soins que les Arabes. On peut en tirer assez facilement par la Méditerranée et l'Espagne. Ces chevaux conviendraient parfaitement au département de la Corrèze et à celui des Basses-Pyrénées, ainsi qu'à d'autres qui fournissent des chevaux d'escadron pour la cavalerie légère.

Au commencement du XVIIIe siècle on amena en France une certaine quantité de chevaux barbes; mais on n'en fit aucun cas, et ils furent à peine vendus trois cents francs chaque. Lord Montagu en acheta plusieurs qui réussirent fort bien en Angleterre, et dont les productions gagnèrent même plusieurs courses. Ils auraient également et peut-être mieux réussi chez nous, si nous avions su les apprécier et en tirer parti.

CHAPITRE XII.

CHEVAUX TURCS.

Ces chevaux approchent du cheval arabe, dont ils descendent ; ils ont comme lui une encolure droite et assez ordinairement effilée. Le corps est plus long ; mais, comme lui, ils sont grands travailleurs et de longue haleine.

Il paraît qu'en général les Arabes vendent aux Turcs l'excédant de leurs chevaux entiers, qu'ils ne montent pas, et dont ils ne gardent que les meilleurs étalons, tandis qu'au contraire les Turcs ne montent point de jumens, et ne se servent que de chevaux entiers. On peut donc espérer de trouver en Turquie d'excellens étalons de bonnes races ; et en effet, nous en connaissons qui, en Allemagne, en Pologne, en Prusse, ont donné de très-bonnes productions.

Ils ont, comme tous les autres chevaux du midi, l'avantage de faire plus grand qu'eux lorsqu'ils sont transportés au nord. On a vu combien ceux qui étaient dans les haras de Deux-Ponts avaient amélioré la race des chevaux ardennais et des pays environnans ; on pourra donc encore en placer avantageusement dans ces parties de la France.

CHAPITRE XIII.

CHEVAUX TARTARES, TRANSYLVAINS, HONGROIS, POLONAIS.

———

Tous ces chevaux sont également sobres, légers, vigoureux, et bons coureurs ; ils sont rarement beaux : la tête est carrée, la crinière longue ; ils ont peu de corps : ils se ressentent de leur origine arabe. Il faut les choisir les plus ressemblans possible à ces derniers. Quelques-unes de ces races ont les naseaux fendus, et on prétend qu'elles en ont plus d'haleine. Cette opération les empêche aussi de hennir, et elle est avantageuse quelquefois sous ce point de vue, à la guerre, surtout pour les troupes légères, et pour des chevaux qui ne sont pas coupés.

La plupart des chevaux tartares sont marqués sur l'une des cuisses, et ont les oreilles fendues. Nous ne croyons pas que cette dernière opération ait d'autre motif que la coutume de quelques hordes.

Les Tartares vivent avec leurs chevaux, comme les Arabes ; comme eux, ils leur font supporter des fatigues extraordinaires et des jeûnes excessifs. Les uns et les autres sortent évidemment de la même souche. Les chevaux tartares, quoique de la même taille que les chevaux arabes, paraissent cependant plus haut montés sur jambes, parce qu'ils ont moins de corps; ils ont les pieds très-solides, le sabot un peu étroit et les talons hauts, ce qui est cause qu'ils *seyent* trop promptement *droit sur leurs membres.* On peut remédier à ce dernier vice du pied par une ferrure appropriée. Lorsque ce cheval ne convient plus pour monter, il reste encore long-temps bon pour tous les autres usages.

On peut avoir de ces races de chevaux, sans de très-grandes dépenses, par la Russie et l'Allemagne; ils sont très-abondans dans le premier de ces deux pays, où les Calmoucks en font un assez grand commerce.

CHAPITRE XV.

CHEVAUX ESPAGNOLS.

Les chevaux d'Espagne ont la tête un peu grosse et forte, et sont quelquefois ce qu'on appelle *chargés de ganache*. Le chanfrein est assez ordinairement busqué, les oreilles quelquefois attachées un peu bas, et généralement trop longues; l'encolure forte, trop charnue, chargée de beaucoup de crins; les épaules et le poitrail sont larges et étoffés, les *reins doubles* et quelquefois bas; la côte est bien arrondie; ils sont long-jointés; le pied en est serré et les talons en sont un peu hauts et tendant à l'*encastelure*; mais ce défaut tient moins peut-être à la nature du cheval qu'au vice de la ferrure espagnole; et nous ne doutons pas qu'aujourd'hui, ce pays possédant quelques artistes vétérinaires instruits, ce défaut ne disparaisse peu à peu. La taille ordinaire des chevaux espagnols est de quatre pieds six pouces à quatre pieds neuf pouces, il est rare qu'ils aillent au-delà; on en trouve plutôt au-dessous de cette taille. Ces chevaux, bien étoffés, et qui ont quelquefois un peu de ventre, paraissent bas et près de terre; mais ils ont les mouvemens très-souples, beaucoup de grâce, de courage, de feu et d'action, et sont néanmoins très-dociles. Ils ne sont pas seulement excellens chevaux de manége, emploi pour lequel ils conviennent mieux que tous les autres ; mais ils sont aussi très-propres à la cavalerie, et très-favorables à la régénération de quelques-unes de nos races, parce que, d'une part, ils sont étoffés, et que, de l'autre, à l'exemple de tous les chevaux méridionaux transplantés au nord, ils ont plus de taille, quoique quelques auteurs aient dit le contraire des chevaux espagnols.

Les meilleurs chevaux de course anglais, du temps du duc de Newcastle, le *Conquéreur*, *Schotten Herring*, *Better*, *Pencok*, étaient issus de chevaux espagnols, et le duc de Newcastle, qui ne connaissait que très-peu les chevaux arabes, n'hésita pas à placer le cheval espagnol au premier rang. « Un étalon de » ce pays, dit-il, fait, avec des jumens anglaises, des » poulains bons à tout usage. »

Depuis ce temps, les haras d'Espagne sont bien dégénérés et ont perdu cette réputation qu'ils avaient à si juste titre. Charles III, accoutumé aux chevaux napolitains, les introduisit en Espagne, dans la vue de rehausser la race espagnole. Il y parvint en effet ; mais les productions résultant de ce croisement perdirent en qualité, en même temps qu'elles gagnèrent en taille et en élégance.

Tous les chevaux des haras d'Espagne sont marqués, sur la cuisse droite, de la marque de celui dont ils sont sortis, et sur la cuisse gauche, d'une autre petite marque.

Parmi les chevaux que le roi d'Espagne envoya à Napoléon, il y en avait quelques-uns de la véritable ancienne race espagnole.

Très-étoffés et très-forts, ils convenaient parfaitement à la remonte d'une grande partie de nos haras.
Les autres, plus minces, plus fins, plus beaux peut-
être, d'après nos idées erronées sur ce qu'on doit
appeler *beauté*, étaient de nouvelles races métisées,
et ne pouvaient convenir, sous aucun rapport, à la
régénération des nôtres.

Les historiens espagnols prétendent, comme les
Arabes, que la race de leurs chevaux descend de
celle des haras de Salomon, et on sait que les chevaux espagnols jouissaient à Rome d'une très-grande
réputation. Ce qui les faisait distinguer surtout, c'était
la grâce, la noblesse, la fierté et la cadence harmo-
nieuse de leurs mouvemens, qualités qui forment encore aujourd'hui le caractère distinctif de cette race.

La Galice, qui, du temps des Romains, et long-
temps après eux, produisait d'excellens chevaux, n'est
plus comptée aujourd'hui parmi les provinces qui en
fournissent. C'est particulièrement l'Andalousie, le
royaume de Grenade et l'Estramadure, qui possèdent
les races les plus distinguées ; cependant la dégénération des chevaux espagnols est plus sensible encore que
leur dépopulation, et il y en a très-peu qui aient aujourd'hui les qualités qui les distinguaient autrefois.

Les chevaux du haras royal de Cordoue sont de
la race d'Aranjuez, race nouvelle et métisée, formée
avec des jumens andalouses et des étalons barbes,
napolitains, normands, danois et autres.

Tous les propriétaires de l'Andalousie tiennent
très-strictement à ne mêler leur race avec aucune
autre, et nous sommes persuadé que c'est par l'ob-

servation rigoureuse de ce principe que les chevaux andalous jouissent de la réputation qu'ils ont conservée jusqu'à ce jour, exclusivement à toutes les autres races espagnoles.

L'arrondissement de Xérès possède les chevaux les plus estimés de toute l'Andalousie. On y trouve deux races parfaitement distinctes : l'une, remarquable par sa finesse et ses belles proportions, qui, à l'exemple de nos chevaux limousins, ne prend tout son développement qu'à six ou sept ans, s'est conservée dans toute sa pureté dans la Chartreuse à Xérès, et chez un petit nombre de propriétaires ; on ne lui reproche que d'être trop long-jointée, ce qui, en nuisant un peu à sa solidité, contribue à la beauté de ses mouvemens et est regardé comme une perfection de plus par les Espagnols. L'autre race, plus grande, moins fine, plus taillée en force, est plus multipliée, parce qu'elle est moins long-temps à croître, et qu'elle est employée à la remonte des troupes ; mais aussi travaillant de bonne heure, elle est aussi bien plus tôt usée. Elle est moins chère que la première. L'une et l'autre de ces deux races pourraient être placées avec avantage dans le Limousin.

On trouve dans le territoire de Médina-Sidonia une race assez nombreuse, plus petite que celle de Xérès, qui a beaucoup de vigueur, et qui est excellente pour le service des troupes légères.

Cette race conviendrait très-bien pour rétablir celle de nos chevaux navarrins.

Une des causes de la dégénération des meilleures races de chevaux espagnols, est l'usage funeste, général en Andalousie, de jeter, après la monte, parmi les jumens saillies, un mauvais cheval entier, qui *re-passe*, pour nous servir de l'expression espagnole, les jumens qui se trouvent encore en chaleur; en sorte qu'on ignore à peu près à quel père appartiennent les productions, et il y a tout lieu de croire que ce mauvais cheval, abandonné à la nature, féconde beaucoup plus de jumens que les étalons employés avant lui avec tous les soins de l'art.

Les étalons espagnols bien choisis feront en France d'excellens chevaux d'escadron pour les officiers de cavalerie, et des chevaux de dragons et de hussards distingués. Ils ne doivent pas être achetés passé l'âge de six ans, parce qu'il est rare qu'alors ils ne se ressentent plus ou moins du travail prématuré qu'on leur a fait faire; il vaut mieux les prendre à deux ans et demi ou trois ans, pour les attendre et les laisser acclimater.

Il est bien important aussi de tirer des jumens de ce pays, pour faire et répéter avec elles, comme avec les jumens arabes et autres, les observations relatives à la conservation de la pureté de leur race; et *Gilbert* ne doute pas qu'avec des soins convenables nous n'y parvenions avec les chevaux, comme nous y sommes parvenus pour les bêtes à laine.

C'est aussi dans l'Andalousie que ces jumens doivent être choisies; il faut les prendre à l'âge de trois à quatre ans, et, autant que possible, avant qu'elles aient porté. Elles devront être placées particulièrement dans les départemens méridionaux de la France, où il y aura des étalons de leur pays.

CHAPITRE XV.

CHEVAUX NAPOLITAINS ET ITALIENS.

Les chevaux italiens jouissaient autrefois d'une grande réputation dans toute l'Europe, soit pour le manége, soit pour l'attelage ; les napolitains étaient recherchés particulièrement jusqu'en Angleterre. La Pouille et la Calabre possédaient d'excellentes races, et des ouvrages entiers ont été destinés à nous indiquer les moyens de reconnaître ceux des haras les plus distingués de ces provinces. On sait que c'est aux Italiens que nous devons la régénération de l'art du manége et de la médecine vétérinaire, dans les XIV° et XV° siècles ; mais il y a déjà long-temps que la réputation des chevaux de ce pays était de beaucoup diminuée ; elle est entièrement tombée aujourd'hui, non-seulement parce que les propriétaires ont négligé de recourir à la source par des croisemens avec l'arabe, qui était la souche primitive de leur race, mais parce que, au contraire, ils ont cherché à les régénérer par des étalons danois, anglais, français ou allemands. Ces croisemens ont produit en Italie ce qu'ils ont produit chez nous. Les étalons napolitains ont ruiné et avili une partie de la Normandie, où on avait essayé d'en tirer race, et cette province s'est ressentie long-temps de cette expérience ruineuse, qui prouve au surplus, d'une manière bien évidente, que la régénération par ces races métisses, même originaires des pays méridionaux, n'est ni aussi sûre ni aussi avantageuse que celle faite par des races pures. Toutes les races de ce pays, même celle du Polesiné qui a joui de quelque réputation ; celles de Sardaigne et de la Luméline en Piémont, que les ducs de Savoie avaient fait croiser avec des étalons d'Espagne, et qui fournissaient de bons chevaux de troupes, sont aujourd'hui dans un état de dégénération au moins semblable à celui des nôtres, s'il n'est pas pire encore. La guerre a achevé ce que la négligence avait commencé, et nous ne pouvons plus compter sur les remontes de cette partie de l'Europe pour nos haras.

CHAPITRE XVI.

CHEVAUX ALLEMANDS.

———

Presque tous les souverains et princes d'Allemagne ont dans leurs haras d'excellentes races de chevaux ; presque tous leurs étalons sont choisis parmi les arabes, les barbes, les turcs, les espagnols et les anglais. De tels étalons, bien appareillés, ne peuvent donner que de bonnes productions. Aucune nation d'Europe, après les Anglais, ne fait autant de dépenses, n'emploie tant de soins et n'a tant de goût pour les chevaux que celle-ci ; mais leurs races étant déjà métisses, nous n'en pouvons espérer les mêmes avantages que de celles des types originels, et nous ne devons y avoir recours que faute de pouvoir nous procurer des étalons des souches pures.

Le roi de Prusse possède, entre autres, un haras à Neustadt, dans le margraviat de Brandebourg, qui donne des productions très-recherchées : il est connu sous le nom de *Frédéric-Guillaume*. Ce haras est composé d'à peu près deux cents jumens, dont beaucoup ont coûté jusqu'à trois cents louis, lesquelles sont servies par des étalons arabes et turcs, qui ont coûté jusqu'à trente mille francs et au-delà, achetés dans le pays : il est destiné à la conservation et à l'éducation des chevaux de première qualité.

Ses productions sont exclusivement réservées aux écuries de la cour et des personnes les plus distinguées du royaume ; le reste est répandu dans les provinces pour améliorer les races du pays. Il fournit aussi des étalons à un autre haras parqué, que le roi entretient à Drakenen, en Lithuanie, et qui contient quatre à cinq cents jumens. Ses productions sont tellement estimées, que parmi celles de réforme il y en a qui sont vendues jusqu'à quinze cents francs. Depuis que ce haras existe, les races de ce pays se sont non-seulement de beaucoup améliorées, mais encore l'augmentation s'en trouve telle, que beaucoup de régimens de cavalerie se remontent dans le pays, que les habitans en ont suffisamment pour tous leurs besoins domestiques et commerciaux, et qu'ils en vendent une assez grande quantité chaque année.

La Saxe, le Mecklenbourg, le Hanovre, etc., possèdent de très-belles et bonnes races de chevaux, et propres à tous les usages. Ils en exportent une très-grande quantité, et ceux du Mecklenbourg sont particulièrement recherchés pour la selle ; ceux des haras de Piefs et autres des plus renommés, se vendent dans le pays aussi chers que les meilleures races d'Angleterre, ce qui est une preuve que ceux que les marchands nous amènent sous ce nom en France ne sont nullement des productions de ce pays, mais seulement des chevaux plus ou moins défectueux et réformés de quelques grandes écuries de Saxe et de Prusse.

CHAPITRE XVII.

CHEVAUX SUISSES.

La Suisse possède une très-bonne race de chevaux de trait ; quelques-uns sont même assez distingués pour être employés au carrosse ou au cabriolet. Ces chevaux sont forts, ramassés, bien membrés, vigoureux et sobres ; mais ils ont en général la ganache et les jambes chargées de poils ; ils tirent leur origine des étalons allemands et italiens. Le canton de Berne fournit les meilleurs. On pourrait choisir les plus beaux et les mieux proportionnés de ces chevaux, pour en faire des étalons dans les départemens qui avoisinent la Suisse, et qui possèdent des races propres aux charrois et à l'artillerie.

CHAPITRE XVIII.

CHEVAUX DANOIS.

Plusieurs personnes prétendent que nos chevaux normands sont danois d'origine, et ont été amenés chez nous lors de la conquête de la Normandie par les peuples du nord. Il faut convenir que les formes de ces deux races ont beaucoup de ressemblance entre elles; que si cette opinion est fondée, elle serait une preuve qu'on peut conserver les races de chevaux transplantées, dans toute leur pureté, et que les Normands comme les Arabes avaient également atteint ce but en évitant les mélanges.

Mais les essais d'importation de chevaux danois en France, qui ont été tentés depuis, n'ont pas eu les mêmes résultats. Plusieurs fois on a mis des étalons de ce pays en Normandie et dans quelques autres parties de la France sans succès. Les états de Bretagne, qui avaient à leur portée de si bons étalons normands, ont introduit dans leur province des étalons du Holstein; ils n'ont pas répondu à ce qu'on avait lieu d'en attendre, soit qu'ils fussent mal choisis, soit, comme nous l'avons déjà dit, que les expériences aient été mal suivies.

Au reste, le cheval danois est bien fait et étoffé; il a les formes rondes, l'encolure rouée; il est bril-

lant et trotte bien. On lui reproche seulement d'a-
voir la croupe un peu trop mince, et les jambes
trop fines pour sa taille. Nous devons essayer de
conserver cette race, de la propager, et de la croiser
avec quelques-unes de celles de nos départemens sep-
tentrionaux. Il faut surtout préférer les étalons du
Juthland, les meilleurs et les plus estimés de tous
ceux du Danemark.

CHAPITRE XIX.

CHEVAUX HOLLANDAIS.

Ils sont bons pour le carrosse et le trait, et tiennent, quant aux formes, le milieu entre les danois et les normands; on en vend beaucoup à Paris, et il fut même un temps où les Normands en achetaient les poulains, qu'ils mettaient dans leurs pâturages, pour les revendre à cinq ans comme chevaux de leur pays; cependant il est aisé de les reconnaître. Les meilleurs viennent de la province de Frise et de celle de Berg. Ils péchent ordinairement par les pieds, qui sont larges et plus volumineux que ne le comporte le reste du corps; ce qui tient à la nature des pâturages où ils sont élevés. Ces pieds résistent peu au pavé de nos grandes villes, et deviennent assez promptement *dérobés, plats* ou *combles*. Le cheval frison péche aussi pour n'avoir pas toujours assez de *corps*, et être ce qu'on appelle *étroit de boyau.*

Ces chevaux, à moins qu'ils ne soient importés jeunes chez nous, s'acclimatent difficilement, même dans la latitude de Paris, qui n'est pas très-éloignée de celle de leur pays. Ils sont mous et ne résistent pas long-temps à un travail suivi et fatigant; ils mangent beaucoup, sont sujets à la *fourbure*, à avoir des *eaux* aux jambes, et succombent facilement aux maladies inflammatoires. Ils ne nous ont jamais été utiles pour nos haras, et nous ont toujours été dispendieux pour nos usages domestiques; ils peuvent tout au plus convenir sur quelques points voisins de la Hollande, mais il vaut encore mieux rejeter absolument les races de ce pays.

CHAPITRE XX.

CHEVAUX ANGLAIS.

D'après tout ce que nous avons dit précédemment des chevaux de ce pays, considérés comme propres à régénérer ou à améliorer nos races, et d'après ce que l'observation et l'expérience ont prouvé depuis long-temps, non-seulement dans l'espéce des chevaux, mais encore dans celle des bêtes à laine et dans quelques autres, il n'est pas difficile de pressentir ce que nous avons à en attendre. Mais la réputation dont ces chevaux jouissent, et qu'ils méritent à beaucoup d'égards, et l'opinion où sont encore un grand nombre de personnes qu'ils conviennent exclusivement à tous autres pour la France, nous forcent à entrer dans quelques détails qui serviront à les faire bien connaître et à fixer l'utilité dont ils peuvent être pour nous.

Les chevaux anglais, considérés comme race pure, peuvent-ils être utiles à nos haras ?

Considérés comme race métisée, améliorée, ou régénérée, avons-nous quelque chose à espérer sous ce point de vue ?

Si on s'en rapporte à l'opinion publique, on doit croire que la race des chevaux anglais naturelle au pays était commune, même vile, et ne consistait que dans des chevaux de trait, et dans quelques forts chevaux propres à la guerre. Rien n'annonce que ces chevaux aient été estimés ou recherchés avant l'introduction des chevaux étrangers dans ce pays.

Les plus beaux chevaux anglais portent, pour la conformation, le type des chevaux arabes ou barbes dont ils sortent en effet ; ils ont cependant la tête plus grande et généralement bien faite, et les oreilles plus longues ; cela seul suffira pour faire distinguer le cheval anglais du cheval barbe. Mais la grande différence est dans la taille ; les chevaux anglais sont plus étoffés et plus grands ; ils sont généralement forts, vigoureux, hardis, capables d'une grande fatigue, excellens pour la chasse et la course, mais il leur manque la grâce et la souplesse ; ils sont durs dans leurs mouvemens, ils ont peu de liberté dans les épaules, et en général une mauvaise bouche.

Ce tableau a déjà été tracé par Buffon, et il est d'autant moins suspect qu'il est encore aujourd'hui conforme au jugement même des Anglais. Au reste, l'expérience journalière à l'époque actuelle, où la manie des chevaux anglais est chez nous poussée à son comble, nous confirme suffisamment la vérité d'une opinion aussi respectable.

Le duc de Newcastle disait, avant Buffon : « Le » cheval purement anglais est craintif et ombra- » geux, fort rebelle au manége, très-sujet à butter » quand il quitte le tapis, et rarement disposé à ap- » prendre ; mais les chevaux anglais d'aujourd'hui » viennent de tant d'autres races de différens pays, » qu'il serait étrange qu'ils en conservassent encore

» quelques traces, et qu'ils ne fussent, par ce moyen,
» fort changés. »

Il ajoute encore : « Si vous voulez avoir des che-
» vaux de course, il faut de toute nécessité que l'é-
» talon soit un barbe ; ne fût-il qu'une rosse, il fera
» de meilleurs poulains pour la course, qu'aucun che-
» val anglais, quelque excellent qu'il puisse être. »
Nous avons déjà dit que le duc de Newcastle connaissait peu les chevaux arabes.

Les meilleures jumens anglaises, couvertes par les
meilleurs étalons anglais, ou même par des étalons
étrangers qui ne leur étaient pas supérieurs en qualité, n'ont produit aucune amélioration dans les
races ; mais couvertes par des étalons supérieurs,
comme les arabes, les barbes, les turcs, elles ont
donné des productions qui valaient mieux qu'elles.

Voici encore un Anglais (Richard Wall) qui,
après Buffon, écrivait sur les chevaux de son pays :

« Les chevaux anglais, dit-il, ne sont pas de bons
» chevaux de troupe et surtout d'officiers. Ce sont
» les plus mauvais qu'on puisse voir dans une action,
» et beaucoup d'officiers de cavalerie en sont les vic-
» times. »

Préseau de Dompierre, un des meilleurs écrivains français sur les haras, dit, en parlant des Anglais : « Leurs chevaux d'attelage et leurs catogans
» ne valent point nos chevaux de carrosse et nos bi-
» dets normands, et l'infériorité des races anglaises
» sans mélange du sang arabe, prouve la nécessité
» des soins qu'il faut employer pour perfectionner les
» races. »

Ce petit nombre de témoignages suffit sans doute pour prouver que les races des chevaux indigènes à l'Angleterre, non-seulement n'ont jamais pu nous être utiles pour l'amélioration et la régénération des nôtres, mais qu'au contraire elles-mêmes avaient besoin d'être améliorées et régénérées. Voyons à présent si cette régénération, portée à son plus haut point, peut nous donner quelques résultats heureux.

Nous disons que la régénération des chevaux anglais est portée à son plus haut point, et c'est l'opinion des écrivains et des connaisseurs de cette nation. « Depuis quelques années, écrivait George Culley, on » a importé peu ou point de chevaux arabes ou bar- » bes en Angleterre, ceux qui élèvent des chevaux » de race ayant reconnu qu'ils obtenaient une amé- » lioration plus marquée en se servant des meilleurs » étalons anglais seulement, c'est-à-dire des étalons » anglais de race régénérée, appelés, dans le pays, » chevaux de sang (*blood horse*). »

Quelques personnes prétendent que le premier cheval arabe qui a paru en Angleterre a été acheté en France, à plus de vingt ans, par un Anglais qui essaya d'en tirer race ; et quoique l'on fût obligé de porter, en quelque sorte, cet animal sur les jumens, on en obtint des productions dont le nerf, la force et la célérité déterminèrent ensuite quelques Anglais riches à en acheter, ou à en faire acheter dans le pays même. Il suivrait de là que les faibles restes d'un cheval que nous possédions auraient été le principe et le fondement de la richesse de l'Angleterre à cet égard, richesse à l'accroissement de laquelle nous semblons nous être fait une nécessité d'immoler nos intérêts.

Quelques autres pensent, avec autant de fondement peut-être, que l'introduction des chevaux arabes en Angleterre date, comme en France, de l'époque des croisades; et dans ce cas, il faut avouer que les Anglais ont su mieux en profiter que nous.

Il en est enfin qui soutiennent que les chevaux anglais dits de race proviennent en ligne directe de chevaux et de jumens arabes. Il serait d'autant plus intéressant de vérifier ce point, que jusqu'à présent nous n'avons pas de faits positifs qui viennent à l'appui de l'opinion que les chevaux anglais actuels partagent plus ou moins les défauts que l'on reprochait à la race indigène, et que *lord Pembrocke,* un des hommes les plus instruits de notre temps sur tout ce qui est relatif à cette branche de la prospérité de son pays, est persuadé que c'est en faisant couvrir des jumens anglaises bien choisies, par des étalons arabes, qu'on a formé la race des chevaux actuels. Il ajoute que les productions, tant femelles que mâles, ont participé principalement aux qualités des pères, et que les défauts des mères se sont en quelque façon effacés dans leur progéniture. Il observe encore que les soins extrêmes qu'on a d'appareiller les pouliches nées de père arabe et de jument anglaise, avec des chevaux arabes ou avec des premières productions d'arabes, est ce qui assure et perpétue particulièrement l'existence de tous les chevaux de prix, d'abord employés aux courses et ensuite à la reproduction.

Il ne faut donc pas croire, comme le prétendent

plusieurs écrivains, que c'est au hasard, à la bonté
des femelles et à l'influence du climat, que l'Angleterre doit cette amélioration que lui envie la
France. Pour achever de prouver cette vérité, lais-
sons parler *Richard Wall*, que déjà nous avons cité :

« Les Anglais sont bien persuadés que, loin de
» pouvoir être abandonnée au hasard, la propagation
» des chevaux demande, au contraire, les plus gran-
» des précautions, le plus mûr examen, et doit être
» le résultat d'un raisonnement juste, appuyé d'ob-
» servations et d'expériences. Si ceux qui s'occu-
» pent de l'*élève* des chevaux se donnent la peine
» de méditer ce sujet, ils en reconnaîtront la vé-
» rité, et s'empresseront de renoncer à leur an-
» cienne méthode, et ils y trouveront de grands
» avantages. »

Cette leçon de *Wall*, leçon dont ses concitoyens
ont profité, est applicable à la très-grande majorité
des propriétaires et cultivateurs français qui, sans
doute, en profiteront aussi. *Wall* dit encore : « Une
» opinion non moins absurde que beaucoup d'au-
» tres subsiste en Angleterre relativement aux che-
» vaux français. On y est persuadé que la France ne
» peut élever des chevaux comme l'Angleterre. Il
» est certain cependant que la France, qui abonde
» en fourrages autant qu'aucune province de l'An-
» gleterre, peut avoir comme elle de bons cou-
» reurs et d'excellens chevaux de toutes les espèces ;
» et la seule raison qui s'y soit opposée, c'est que jus-
» qu'à présent en France on a toujours suivi à cet
» égard de mauvaises méthodes. »

Au reste, le croisement de l'arabe et des autres chevaux asiatiques avec la race anglaise, et le croisement de leurs productions entre elles ou avec la race indigène, ont produit naturellement une division de tous les chevaux, qu'on partage en cinq classes bien distinctes et bien caractérisées, qui se conservent en se fondant successivement l'une dans l'autre.

La première est le cheval de course, résultat immédiat d'un étalon arabe ou barbe et d'une jument anglaise déjà croisée de barbe ou d'arabe au premier degré, ou le résultat de deux croisés au même degré, que les Anglais appellent *premier sang*, c'est-à-dire le plus près possible de la souche étrangère.

La deuxième est le cheval de chasse, résultat du croisement d'un étalon du *premier sang* et d'une jument d'un degré moins près de la souche. Cette classe est la plus multipliée; elle est plus membrée que la première et d'un travail excellent.

La troisième est le résultat du croisement du cheval de chasse avec des jumens plus communes, plus fortement membrées, plus approchant de la race indigène que les précédentes ; elle forme le cheval de carrosse. Ce sont les chevaux de ces deux classes que les Anglais exportent le plus dans toute l'Europe, et principalement en France.

La quatrième est le cheval de trait, résultat du cheval précédent avec les plus fortes jumens de ce pays. Il y a de ces chevaux qui sont de la plus grande et de la plus forte taille; leur moule est, en quelque sorte, celui d'un cheval de bronze, et leurs membres sont plus fournis qu'aucun de ceux des chevaux que nous connaissons. On peut les comparer à nos chevaux de brasseurs; mais ils sont pourtant plus vigoureux et plus beaux; ils sont employés également à ce service et au transport des charbons de terre.

La cinquième enfin, qui n'a aucun caractère particulier, qu'on regarde comme bâtarde ou manquée, est le résultat de tous les croisemens des classes précédentes avec des jumens communes, et sans d'autre but que d'avoir des chevaux. Elle pourrait être comparée, dans l'espèce du cheval, à ce que, dans l'espèce du chien, *Buffon* appelle *chiens des rues*.

Quel que soit, au surplus, le mélange de toutes ces classes, on reconnaît, jusque dans les individus les plus médiocres de la dernière, l'influence du sang arabe, malgré l'état plus ou moins avancé de la dégénération. Cette influence se fait apercevoir dans la conformation de quelques parties du corps échappées à la dégénération, ou dans la conservation des qualités inhérentes et supérieures à celles de la souche indigène.

Les Anglais ont imité les Arabes en donnant des soins extraordinaires et multipliés à leurs chevaux, et surtout en ayant l'attention de connaître et de publier la généalogie de ceux auxquels ils attachent quelque réputation. Ils ont bien senti l'importance de cette maxime si utile pour l'amélioration. On a pu, par ce moyen, recourir aux étalons et aux jumens qui approchent le plus de la pureté des ascendans, pour en tirer race; et s'il n'a pas été possible de perfectionner ceux-ci, qui étaient arrivés à leur plus haut degré de perfection, on a au moins empêché leur dégénération, et on a amélioré les classes inférieures, qu'on a fait remonter aussi près qu'il était possible de la classe supérieure avec laquelle on les croisait. C'est ainsi qu'on est parvenu, dans l'espèce des bêtes à laine, à conserver les métis superfins, en ne les alliant jamais avec des métis inférieurs, et qu'on a amélioré ces derniers en les unissant toujours avec des métis plus près de la souche primitive ; mais dans les chevaux comme dans les bêtes à laine, et dans toutes les autres espèces d'animaux, il existe un point où l'amélioration s'arrête, au-delà duquel il devient impossible d'aller, et où commence la dégénération quand on cesse d'avoir recours au type régénérateur. Voilà, selon nous, où en est l'Angleterre, malgré l'opinion des écrivains de cette nation, qui prétendent, comme nous l'avons dit, qu'elle n'a pas besoin de recourir aux chevaux arabes, et qu'elle peut se suffire à elle-même avec ses étalons régénérés, opinion qui nous paraît plutôt fondée sur la haute idée que les Anglais ont de leurs chevaux, ou sur celle qu'ils tâchent de donner aux autres, que sur la vérité.

Les chevaux de course, ou de la première classe, sont en Angleterre un grand objet de luxe et de dépense. Bien des particuliers très-riches se ruinent par des paris multipliés et extravagans auxquels ces chevaux donnent lieu dans les courses, et par les dépenses excessives que leur entretien occasione. On croira difficilement, par exemple, qu'on a porté l'excès jusqu'à faire sabler ou *grever* des pâturages entiers, pour que l'herbe, forcée de se faire un passage à travers le sable et les pierres, fût plus fine et plus approchant de celle du pays d'où la souche de ces chevaux est originaire; que le foin qu'on leur donne est trié de manière à n'y laisser que l'herbe la plus délicate, dans la crainte que le foin ordinaire ne leur altère l'estomac; que le grain est également choisi, et que le meilleur, quel qu'en soit le prix, n'est pas trouvé trop bon pour eux; que chacun de ces chevaux a pour le servir deux et trois palefreniers, dont le moindre coûte cinq à six guinées par mois, et qui n'ont d'autre occupation que celle de le bouchonner, de le frotter, de le promener, le médicamenter, etc.; qu'on fait chauffer leur boisson; qu'on choisit également celle qui doit leur être donnée, et qu'enfin on leur prodigue des soins minutieux et quelquefois ridicules, inconnus même aux Arabes.

Mais, si ces chevaux occasionent des dépenses extraordinaires, et s'ils font faire des folies, ils sont aussi, d'un autre côté, la source d'une richesse immense pour le pays, par l'amélioration des classes inférieures qu'ils croisent, et que les Anglais vendent à toute l'Europe.

Nous ne nierons point que ces métis arabes *de premier sang*, que l'on peut comparer aux métis des bêtes à laine fine d'Espagne, arrivés au quatrième degré, puissent nous être utiles pour recommencer l'amélioration de nos races, en croisant ensuite les producarabes de ces premiers métis et de nos jumens avec des tions purs. Mais, comme il faut les payer aussi cher et plus cher que les chevaux arabes pris dans leur pays, nous trouverons plus d'avantages d'avoir d'abord de ceux-ci. Au reste, malgré le prix excessif que quelques particuliers mettent pour se procurer des chevaux anglais de *premier sang*, nous ne pouvons jamais espérer d'obtenir d'eux ceux de la première qualité ; en effet, est-il probable qu'un Anglais, propriétaire d'un cheval de course, consente à nous le vendre, même au prix de quarante et cinquante mille francs, tandis que ce même cheval peut lui faire gagner dix et vingt mille guinées dans les courses, et autant quand il sera destiné au service des jumens ? Il est assurément peu raisonnable de s'y attendre de la part d'une nation si éminemment spéculative, et qui fait tourner toutes ses entreprises au profit de son commerce et à l'avantage de son pays. D'ailleurs, plus elle est intéressée à se ménager cette prépondérance, plus elle doit s'interdire, de la manière la plus absolue, d'exporter ses chevaux de *premier sang* ; autrement elle aurait à craindre de se priver elle-même de ses avantages sur des voisins à la vérité bien moins solidement actifs qu'elle, mais qui, quoique peu avancés encore dans cette branche de l'agriculture, pourraient enfin ouvrir les yeux, et profiter d'une facilité qui les mettrait à portée de ne plus recourir à elle pour subvenir à leurs besoins.

Que l'on ne croie pas que les calculs que nous venons d'établir soient exagérés dans la vue de dégoûter de l'acquisition de ces chevaux. C'est dans les listes de monte que l'on publie toutes les années en Angleterre que nous les avons puisés. Nous y voyons qu'un bon cheval de course peut gagner annuellement en prix fondé, quatre à cinq mille guinées, sans

les paris, dont il est impossible de calculer le montant ; que les sauts de l'*Eclipse*, fameux cheval qui
avait gagné partout où il avait couru, d'abord portés
à vingt-cinq guinées, le furent ensuite à cinquante-
deux par jument ; qu'il en a été de même pour *Snap*,
pour *Chrysolete* et pour *Masque* ; que les sauts de ce
dernier et de *Chillaby* étaient à cent guinées ; qu'à ce
prix ils servirent chacun trente-deux jumens, et va-
lurent à chacun de leurs maitres trois mille deux
cents guinées, etc., etc.

Ce n'est donc pas dans les deuxième et troisième
classes qu'il nous faudrait choisir des étalons pour
l'amélioration, et c'est pourtant dans ces deux classes que tous les étalons répandus en France ont été
pris, à quelques légères exceptions près, qui ne méritent pas d'être citées. Or, si *Richard Wall* se plai-
gnait que, dans le très-grand nombre d'étalons que
possède l'Angleterre il n'y en eût cependant aucun
de parfait, c'est moins encore dans ces deux classes
que dans la première qu'il faut espérer d'en trouver ;
et on sait quels ont été jusqu'à présent les résultats
de ces étalons pour l'amélioration, soit en France,
soit ailleurs. Nous en avons déjà consigné un grand
nombre dans cette instruction ; nous en citerons encore quelques-uns.

M. Nartmann, un des meilleurs écrivains allemands modernes sur ce sujet, dit : « Quoique les
» étalons anglais descendent de chevaux arabes ou
» barbes, il n'en provient pourtant communément
» en Allemagne que des poulains qui ne valent guère
» mieux que les chevaux du pays, et ils y perdent

» dans leurs descendans plutôt que d'autres chevaux
» étrangers. »

Un écrivain, grand admirateur des Anglais, qui a
écrit, sur l'agriculture en France, un ouvrage dans
lequel les haras occupent une place distinguée (de
Pradt), dit : « Les chevaux de selle en Normandie ont
» été tous mélangés avec des chevaux anglais, dont ils
» ont pris, il est vrai, la figure, la robe et la légèreté,
» mais dont ils ont contracté la *roideur dans les*
» *épaules et dans les allures*. En Normandie, il n'y
» a presque plus de chevaux normands, mais seule-
» ment des races bâtardes ; il n'y a plus de chevaux
» d'allure, mais des chevaux de chasse ; et d'ailleurs
» l'introduction des chevaux anglais dans les haras
» de Normandie a effacé la tournure de la race nor-
» mande. Le cheval normand a acquis de la légèreté
» et de la figure, mais il a perdu de la solidité, que
» l'élégance ne rachéte jamais. Tous ces chevaux,
» comme les chevaux anglais, sont devenus *durs*
» *d'épaules* et forts de bouche. Il est rare d'en trou-
» ver qui aient encore de l'agrément pour le cava-
» lier. »

On a dit que nous avions mal jugé les chevaux
anglais, parce que ceux qu'on a introduits en France
étaient mal choisis, par la mauvaise foi ou par l'i-
gnorance des agens chargés de ces achats, et que ces
étalons anglais, quoique payés des sommes considérables, ne nous avaient donné que des chevaux tarés.
Mais s'il était possible de faire ce reproche à quelques agens, comme nous l'avons dit en d'autres occasions, ils n'étaient vraisemblablement pas tous dans

le même cas. Nous en connaissons qui ne méritent ni l'un ni l'autre de ces reproches. D'ailleurs on pouvait bien être trompé quelquefois, mais on ne pouvait pas l'être toujours. Plusieurs de nos propriétaires, ne s'en rapportant à personne, sont allés eux-mêmes choisir en Angleterre les chevaux dont ils voulaient tirer race. Ils n'ont pas été plus heureux que les agens des autres; et il faut dire pourquoi, puisqu'on ne l'a pas dit, c'est que tous, quelles que fussent leurs connaissances et leur bonne foi, n'ont pu acheter que les chevaux qui étaient à vendre, et il est plus que vraisemblable, pour ceux qui connaissent les vendeurs, que souvent, toujours peut-être, les acheteurs n'ont pas eu à choisir dans les plus beaux, mais seulement dans les moins défectueux.

Nos amateurs de chevaux anglais disent encore, à l'appui de leur opinion, qu'ils sont forcés de préférer ces chevaux aux chevaux normands, parce que les premiers sont évidemment plus solides que les seconds, et qu'on ne trouve plus en Normandie un seul cheval qui puisse être comparé au cheval anglais pour la chasse. En admettant cette opinion, quelque exagérée qu'elle soit, que prouve-t-elle? Ce que nous avons répété déjà plusieurs fois dans cet écrit, et ce que nous aurons sans doute l'occasion de répéter encore: c'est que ce sont les étalons anglais introduits en Normandie qui ont fait perdre à la race normande une partie de ses qualités, en lui communiquant une partie de ses défauts; c'est que les étalons métis, alliés avec une race pure, sans parler de la rétrogradation du nord au midi, ne peuvent donner des productions supérieures, ou au moins égales à la mère, comme les étalons méridionaux; c'est que depuis quelques années la race normande reprend son type naturel, par la diminution de ces métis; et il ne faut pas croire, comme on l'affirme si positivement, que cette race si belle et si précieuse pour nous par ses qualités soit entièrement détruite. Nous avons vu des chevaux normands, et il nous serait facile d'en citer les propriétaires, capables de l'emporter pour les beautés et les qualités sur les meilleurs chevaux de l'Angleterre.

Ces amateurs disent enfin que les étalons anglais nous donneront, bien plus promptement que les étalons arabes, des productions utiles; qu'il faudrait attendre celles-ci un trop grand nombre d'années, et que les propriétaires préfèrent toujours ce qu'ils ont sous la main, à ce qu'il faut chercher au loin et attendre long-temps. Le riche égoïste peut seul tenir un pareil langage, et le gouvernement doit l'éclairer; mais le père de famille, le citoyen véritablement ami de son pays, dans tous les temps et dans toutes les occasions, ne mettra jamais en balance le calcul d'un bien qui ne produit qu'une jouissance éphémère et personnelle, avec celui d'un bien durable, et dont les effets se prolongent au-delà de son existence, et influent sur la prospérité nationale. Celui-là seulement est digne de la reconnaissance de ses concitoyens et de l'assistance du gouvernement; il peut compter de réussir dans les entreprises qu'il tentera à cet égard, et il recueillera pour lui-même et pour ses enfans les fruits de son travail et de ses soins.

En ce qui concerne l'utilité des chevaux anglais pour nos usages domestiques, étions-nous dans un véritable besoin à cet égard, avant que la fureur de tirer des chevaux de ce pays nous eût saisis au point de nous faire dédaigner les nôtres ? Disons la vérité : quelques princes, quelques seigneurs, les chefs du gouvernement, sans prévoir le tort qu'ils feraient un jour à cette branche de commerce parmi nous, ont adopté des chevaux anglais, soit pour la chasse, soit pour les attelages ; plusieurs même ont voulu avoir des chevaux de course. Bientôt des particuliers, des hommes de toutes les conditions ont cru qu'il y aurait du mérite à les imiter, et ils s'en sont procuré. Cependant le défaut de consommation, en ce qui regarde les chevaux français, a jeté ceux de nos propriétaires qui faisaient des élèves dans un découragement total, et les a forcés ensuite, pour éviter leur propre ruine, d'abandonner cette branche d'industrie, ou de recourir aux étalons anglais pour faire des chevaux de mode. Voilà pourquoi, aujourd'hui encore, la plupart des *nourrisseurs* en Normandie, sachant qu'ils vendent mieux celles de leurs productions qui ressemblent aux chevaux anglais, achètent et demandent encore des étalons de cette race ; et c'est ainsi que nous avons hâté nous-mêmes la décadence et la ruine de nos belles races, et que nous retardons encore leur régénération.

Mais si la nation néglige de mettre à profit ce qu'elle possède et ce qu'elle peut trouver dans son sein, et si elle dédaigne une branche qui influe si essentiellement sur la culture de ses terres, sur ses forces et sur son commerce, pour exporter continuellement des richesses réelles, en pure perte, sans espérance d'aucun dédommagement, de manière à se condamner perpétuellement elle-même à des sacrifices nouveaux, ne doit-on pas crier au moins à l'inconséquence? Nous disons *sans espérance de dédommagement;* en effet, quand nous tirons des soies, des laines et autres matières premières du dehors, ces matières, prises brutes chez l'étranger, triplent et quadruplent de valeur lorsqu'elles sortent de nos mains pour repasser dans les siennes; mais que nous reste-t-il des chevaux que nos voisins nous fournissent?

Terminons en nous résumant. Les chevaux anglais peuvent être employés comme étalons, dans la latitude que nous leur avons assignée dans le chapitre *du croisement des races;* et nous croyons que seulement ceux des première et deuxième classes sont propres à commencer avec avantage l'amélioration de nos races de la partie septentrionale de la France. Mais que ne devons-nous pas attendre du cheval arabe qui, transporté en Angleterre, a donné dans toutes les parties de ce pays des productions aussi précieuses, si nous l'employons chez nous, plus favorisés par le climat et le sol que nos voisins, chez lesquels la nature s'est vue pour ainsi dire forcée de plier sous le joug d'une industrie active et réfléchie? Espérons que les préjugés de nos propriétaires en faveur des chevaux anglais pour l'amélioration de nos races s'anéantiront de plus en plus, et qu'ils se convaincront enfin que le moyen le plus prompt, comme le plus sûr, d'améliorer et de régénérer nos

races de chevaux, est d'adopter l'exemple de l'Angleterre, et de n'employer que les races méridionales
pures, spécialement l'arabe, la barbe et la persane.
Alors nous atteindrons ce but, et non-seulement
nous cesserons, dans un petit nombre d'années, de
porter à l'étranger des sommes immenses, mais encore nous parviendrons de nouveau à en faire la
branche d'un commerce extérieur, et par conséquent avantageux pour l'intérêt national; surtout si
le gouvernement continue à encourager de plus en
plus par son exemple et sa protection cette branche
intéressante de l'agriculture; si, bien loin d'abandonner à la routine et à l'ignorance des uns et à l'avi-
dité des autres les germes régénérateurs, il ne les
perd jamais de vue; s'il charge des hommes instruits et éclairés sur nos véritables intérêts de guider les propriétaires, de surveiller les appareillemens
des races, la marche des améliorations et même des
dégénérations, et d'étudier en elles les effets de la nature jusque dans ses moindres nuances. Certes, dès
que les appareillemens seront faits avec plus de jugement, et qu'on sera plus circonspect sur le choix;
dès qu'on ne verra plus de ces mélanges informes et
bizarres, source inépuisable d'une fécondité mon-
strueuse, d'où naît et ne peut naître qu'une désor-
ganisation et qu'une disette générale; dès que des
hommes instruits et sans préjugés seront substitués
à des réglemens qui ne sont pas exécutés; dès que les
encouragemens que le gouvernement accorde ne seront plus le partage de la faveur et de l'intrigue; dès
que l'amour du bien public l'emportera sur l'in-

9

fluence de la mode, la France peut être sûre d'égaler bientôt, peut-être même de dépasser, par la beauté et les qualités de ses chevaux, ceux de nos voisins auxquels nous payons aujourd'hui un tribut, qui ne flatte pas seulement leur esprit mercantile, mais aussi leur orgueil.

CHAPITRE XXI.

CHOIX DES ÉTALONS ET DES JUMENS.

PRESQUE tous les auteurs qui ont écrit sur les haras ont fait un très-long chapitre pour indiquer la conformation et les qualités que doivent posséder les étalons et les jumens destinés à la propagation. Ils veulent des animaux parfaits, et par conséquent impossibles à trouver. Tous exigent des formes qu'ils rapportent à la race qu'ils connaissent le mieux. Les uns demandent telles proportions qu'on pourrait, sous plus d'un rapport et en envisageant les races en particulier, regarder comme vicieuses à l'égard de quelques-unes. Les autres font de longues énumérations des défauts qu'on doit éviter dans le choix à faire. D'autres fixent irrévocablement la taille et le poil que doivent avoir l'étalon et la jument, et indiquent même jusqu'aux maladies contagieuses qui doivent les faire rejeter. Il en est qui se bornent à des indications vraiment puériles. On lit, par exemple, dans plusieurs, que la tête doit être bien placée, qu'elle ne doit être ni trop grosse ni trop petite ; les uns la veulent carrée, les autres busquée ; les uns veulent l'encolure et la queue bien garnies de crins, les autres en veulent peu ; les naseaux ne doivent être ni trop, ni trop peu fendus. Il y en a qui veulent que la jambe soit fine ; d'autres, qu'elle soit forte ; telle partie doit être bien proportionnée, telle autre ne doit être ni trop plate ni trop grosse ; celle-ci ne doit être ni trop ronde ni trop tranchante ; celle-là, ni trop coudée ni trop droite. Toutes ces indications vagues, supposent ou des connaissances préliminaires très-étendues sur toutes les races, ou un objet de comparaison isolé, qui ne peut convenir que sur le point particulier que l'écrivain avait en vue, et qui perd son utilité ailleurs.

Tout le monde sait, en effet, que la description du cheval normand du pays de Caux ne ressemble point à celle du cheval normand de la plaine d'Alençon ou de la vallée d'Ange ; que ni les unes ni les autres de ces descriptions ne ressemblent à celles du cheval limousin ou navarrois ; que ceux-ci ne peuvent être comparés, pour la conformation, avec le cheval comtois, ardennois, flamand, picard, etc. ; qu'aucun ne ressemble à l'arabe, au barbe, à l'espagnol ni à l'anglais ; qu'il en est des qualités de ces chevaux comme de leur conformation, et qu'il est aussi difficile de fixer celle-ci que d'assigner aux autres des lois invariables ; que dans chaque race, comme dans chaque genre de service particulier, il y a des beautés de formes et des qualités qui y sont pour ainsi dire inhérentes, et qu'il est presque impossible de détailler.

Il faut donc se borner à quelques marques générales qui appartiennent à toutes les races, et qui partout puissent être facilement saisies et appréciées par les cultivateurs qui voudraient se livrer à ce genre d'industrie.

Nous avons déjà dit qu'il fallait choisir les individus les plus approchans de la perfection dans chaque race, pour en tirer des productions; et c'est là véritablement la base de laquelle il faut partir pour faire le choix des étalons et des jumens. Qu'ils soient, autant qu'il sera possible, les plus près de la souche pure, tant par les formes que par les qualités qui distinguent particulièrement cette souche. Il n'est pas de propriétaire cultivateur qui ne connaisse assez la race de son pays pour se trouver capable de faire un choix convenable, et il n'y a qu'une économie mal entendue qui fasse préférer des animaux inférieurs.

Dans toutes les races on doit rechercher une construction solide, qui se manifeste par l'aplomb des extrémités sur le terrain, par la franchise et la liberté des mouvemens, par la légèreté et la docilité, par une vigueur soutenue dans l'exercice, quel que soit celui auquel on emploie l'animal qu'on choisit. Des muscles qui se prononcent bien, et qui ne sont point empâtés dans la graisse, ou cachés dans l'épaisseur de la peau; le poil fin, les crins doux et peu abondans, distinguent particulièrement les animaux de choix.

Que l'on ne croie pas que cette description appartienne exclusivement au cheval de selle, ou à ce qu'on appelle *cheval fin*; elle est commune à tous, et l'étalon comme la jument de trait qui, avec la conformation particulière à ce genre de travail, approcheront le plus des qualités que nous venons d'indiquer, mériteront constamment la préférence. C'est donc à tort que dans ce cas beaucoup de propriétaires préfèrent des animaux dont l'encolure est le plus chargée de crins, et les jambes le plus fortement garnies de poils. Ces excès, qu'ils regardent comme annonçant la force, n'appartiennent qu'à des individus dans lesquels le poids et la force d'inertie ne peuvent jamais remplacer la force d'action des muscles; et il nous suffit, pour prouver cette vérité, de mettre ces mêmes animaux en opposition avec les mulets, dont on connaît la force, et qui ont tous les jambes très-peu chargées de poils, et l'encolure presque sans crins.

Nous donnons comme une indication générale du choix des étalons et des jumens, la vigueur soutenue dans l'exercice, et nous croyons qu'il est essentiel d'insister sur ce point oublié par presque tous nos auteurs, et auquel pourtant les Anglais doivent leur prospérité en ce genre. Quelque beau que soit l'étalon ou la jument, ils ne doivent pas être préférés, s'ils ne sont en même temps les meilleurs; et à quoi sert la beauté, si elle n'est pas accompagnée des qualités qui peuvent la rendre utile? Nous aurons l'occasion de revenir sur ce point en parlant des *courses*.

La douceur, la docilité, l'aptitude au travail, sont des qualités générales qui n'importent pas moins au choix de l'étalon et de la jument. Nous avons déjà dit combien elles influent sur l'éducation des productions, auxquelles elles se communiquent toujours.

Le choix varie nécessairement, quant à l'âge, relativement à la race et au genre de service. Les

chevaux fins étant bien plus long-temps à se former
que les chevaux de trait, ils doivent être attendus
davantage, et la règle générale à cet égard est de
n'employer à la propagation que des chevaux et des
jumens qui ont pris toute leur croissance, c'est-à-
dire, qui sont parvenus à l'âge où ils ne gagnent
plus. L'expérience a prouvé que des étalons et des
jumens employés trop jeunes pouvaient donner de
belles productions; mais que ces productions, privées des qualités que les pères et mères n'avaient pu
leur communiquer, puisqu'ils ne les avaient pas encore eux-mêmes, ne duraient pas long-temps. C'est
par l'emploi prématuré de nos productions que nos
races se sont si rapidement abâtardies. C'est parce
que les Normands se hâtent de faire servir leurs jumens par des poulains de figure, qu'ils coupent et
vendent ensuite, que la race de ce pays a perdu
cette réputation de bonté et de solidité qui la faisait
tant estimer. L'expérience a également prouvé que
les étalons et les jumens duraient beaucoup plus
long-temps, et donnaient des productions sur lesquelles on pouvait compter pour la conservation de
la race, lorsqu'ils n'étaient employés que dans un
âge fait. Cette observation, comme quelques autres
que nous avons déjà eu occasion de rapporter, n'est
pas particulière à l'espèce du cheval, et montre la
marche uniforme de la nature dans la conservation
des êtres.

Plusieurs écrivains insistent pour que la jument
ait un coffre vaste, les flancs larges et bas, et même
du ventre, afin, disent-ils, que le poulain, logé à son

aise pendant la gestation, puisse se développer librement. Mais c'est une erreur qui a déjà été relevée. La nature a donné à chaque espèce, puis à chaque race, un caractère particulier qui lui est propre, et qui ne pourrait être remplacé par des défectuosités. Peut-on exiger que des jumens arabes, barbes, limousines, navarroises, que des jumens anglaises *de sang*, aient de larges flancs et un vaste coffre, sans qu'elles paraissent défectueuses? et ces jumens, quoi-qu'elles n'aient que le ventre que comporte leur race, n'en donnent-elles pas moins des poulains beaux et bons? Exige-t-on que les femelles du cerf, du che-vreuil, du daim, du bouc, du chameau, du lièvre, dont le caractère est d'avoir les flancs plus ou moins *retroussés*, et le ventre plus ou moins relevé et ce qu'on appelle *attaché au dos;* que, dans l'espèce du chien, la levrette, et, dans toutes les autres es-pèces, les animaux qui lui ressemblent, et qu'on a désignés, d'après cette ressemblance, par l'épithète de *levrettés*, exige-t-on, disons-nous, que ces fe-melles aient le ventre plus ample que les mâles, pour pouvoir plus facilement loger leurs petits? La nature, en distribuant des formes différentes, n'a pas oublié d'y ajouter tout ce qu'il fallait pour que ces formes suffissent à la conservation de l'espèce ou de la race; et il faut pour les jumens, comme pour toutes les au-tres femelles, qu'elles aient le ventre qui caractérise celle à laquelle elles appartiennent. On sait d'ailleurs combien la peau prête facilement dans les cas de grossesse, comme dans le cas d'obésité, d'hydropisie, et autres, et que le bassin, dans toutes les femelles, est généralement plus vaste que dans les mâles.

On a demandé aussi que les étalons et les jumens fussent féconds, et que les dernières soient bonnes nourrices; mais ce n'est pas au moment du choix, c'est dans l'usage et au bout d'un laps de temps plus ou moins long qu'on peut reconnaître si l'étalon et la jument n'ont pas ces qualités; et il suffit dans ce cas de s'en rapporter à l'intérêt du propriétaire pour réformer l'un ou l'autre. Cependant il ne faut pas se hâter de proscrire les animaux qu'on soupçonne affectés d'infécondité, s'ils ont d'ailleurs toutes les qualités convenables; nous avons déjà prouvé précédemment qu'il suffit souvent de déplacer l'étalon ou la jument pour la faire cesser.

Un objet qui paraît minutieux au premier coup d'œil, mais qui n'en est pas moins essentiel, et qui ne doit pas être négligé, surtout dans le choix des jumens qui sont destinées au pâturage, c'est qu'elles ne soient pas à courte queue. Il est difficile à ceux qui ne connaissent pas les tourmens qu'occasionent les mouches de se faire une idée de l'importance de cette arme défensive : elle est telle que les jumens qui en sont privées maigrissent rapidement, avortent, et que, lorsqu'elles parviennent à porter leur poulain à terme, elles cessent bientôt d'avoir du lait et ne peuvent le nourrir. On n'y remédie que très-imparfaitement par des queues postiches.

Si toutes les tares héréditaires, si tous les vices de conformation doivent faire proscrire de la multiplication les étalons et les jumens qui en sont affectés, il n'en est pas de même des accidens qui, en rendant

les animaux incapables pour les services domestiques, leur laissent néanmoins pour celui-là toute
l'aptitude nécessaire, et ne doivent pas les faire rejeter ; telles sont, par exemple, les claudications
ou boiteries, suite de fractures, d'efforts, de coups,
des accidens de la ferrure, de clous-de-rue, de ja-
varts, etc. Ces sortes de tares ne sont point héréditaires, et les animaux qui en sont atteints peuvent
donner des productions excellentes qui ne s'en ressentent nullement.

Il en est de même des yeux, qui doivent être généralement beaux et bons ; cependant les étalons et
les jumens devenus borgnes ou aveugles à la suite
de quelques accidens, ne sont pas moins propres à
la régénération. Nous avons vu un cheval, devenu
aveugle à la suite d'une gourme mal traitée, donner
des productions qui ont eu constamment de bons
yeux. Mais on a également observé que des jumens
affectées de ce qu'on appelle *fluction lunatique* l'a-
vaient communiquée à leurs productions. Il faut donc
rejeter les animaux attaqués de cette affection pé-
riodique.

Il ne faut pas avoir plus d'indulgence pour les
tares de jarrets, quelque accidentelles qu'elles paraissent, à moins qu'on ne soit bien certain qu'elles
le sont réellement. Non-seulement il est presque
impossible d'assigner positivement quelles sont celles
de ces tares qui ne sont point héréditaires, mais encore ces parties sont trop importantes, dans tous les
usages qu'on fait des chevaux, pour que le moindre
défaut de ce genre ne soit pas un motif suffisant

d'exclure du service des haras le cheval ou la jument qui en serait affecté.

Au surplus, nous invitons les propriétaires cultivateurs à relire ce que nous avons dit au chapitre
des appareillemens.

CHAPITRE XXII.

DU TERRAIN CONVENABLE POUR FAIRE DES ÉLÈVES.

Nous ne prétendons pas donner ici des détails particuliers sur toutes les parties de la France où l'on pourrait élever des chevaux avec avantage. Nous ne dirons rien, ni des haras sauvages que nous n'avons pas en France, ni des haras demi-sauvages qui sont chez nous en petit nombre, ainsi que des haras parqués ; nous ne prétendons pas non plus que le local destiné au haras doive être montueux, parsemé de vallons, avoir des sources ou une rivière ; le cultivateur qui se propose de faire des élèves ne peut changer ni la nature ni la forme de son terrain. Nous nous bornerons à quelques observations générales que tous les propriétaires pourront facilement appliquer à leurs localités respectives.

On peut élever des chevaux partout et sur tous les terrains, excepté sur ceux qui sont trop humides et inondés. On en fait dans les plaines de la Hollande et sur les Alpes et les Pyrénées ; on en élève dans les gras pâturages, dans les bois et dans les plaines arides ; enfin, on fait dans l'intérieur des habitations rurales des élèves qui ne pâturent jamais ; on en fait dans les écuries des villes et à la nourriture sèche. Partout, avec de l'attention et des soins, on peut en

faire de beaux et bons. Il est hors de doute que ceux
qu'on élève à l'écurie occasionent plus de dépenses et
demandent plus de soins que ceux qu'on élève aux
champs ; mais plusieurs observateurs prétendent
qu'ils sont meilleurs, et que la dépense, qui n'est
que relative, est toujours couverte avec usure par la
bonté et par la plus grande valeur des animaux. Nos
voisins nous donnent encore l'exemple sur ce point,
et un grand nombre de chevaux de prix, en Angleterre, sont élevés à l'écurie. Nous en avons vu, en
France, de très-bons élevés ainsi.

On a assez généralement observé que ce moyen
d'élever des chevaux les rendait moins sujets à la
gourme ; qu'elle était moins à craindre dans ses
suites pour ceux qui en étaient attaqués, et qu'on
évitait non-seulement les affections catharrales épi-
zootiques, mais encore d'autres maladies plus ou
moins contagieuses qui font quelquefois d'assez
grands ravages dans les pâtures.

On dit encore que les chevaux élevés à l'écurie ou
au sec ont naturellement la corne cassante et les
pieds *dérobés*. Mais cet inconvénient, qui n'est pas
général parmi ces chevaux, leur est commun avec
ceux qui sont élevés dans des pays secs et arides.
Nous avons vu, au surplus, des poulains élevés sur
le pavé de Paris avoir de très-bons pieds. D'un autre côté, nous avons déjà fait voir combien des poulains nés dans des pâturages gras et marécageux
gagnaient par la migration dans des pâturages plus
secs. Leurs pieds se ressentent plus particulièrement
de cette amélioration, en ne prenant pas ou en pre-

nant moins le développement excessif qu'ils auraient pris dans les premiers pâturages.

De quelque manière qu'on élève les chevaux, il faut toujours des pâturages suffisans, soit pour être mangés en vert, soit pour fournir le foin destiné à être consommé à l'écurie. Deux arpens d'herbages pourront suffire annuellement à la nourriture d'une jument et de son poulain. Cette étendue de terrain pourra paraître considérable, quand on sait qu'un arpent donne à peu près cinq cents bottes de foin, du poids de dix livres chacune, qui peuvent suffire pendant toute l'année à la nourriture d'un cheval ; mais aussi on ne sait peut-être pas assez combien le cheval détériore les pâturages par sa dent et par ses pieds ; qu'il faut par conséquent avoir une plus grande étendue de terrain pour le conserver en bon état, et qu'il est même important, pour l'entretenir, d'y mettre en même temps avec les chevaux quelques bœufs ou vaches. C'est cette détérioration que les chevaux occasionent aux pâturages, qui engage les propriétaires, dans les pays où le terrain est précieux et où il est impossible de mettre des bêtes à cornes avec des chevaux, à élever ces derniers à l'écurie.

Depuis long-temps, en France, les cultivateurs ou les herbagers qui élèvent des chevaux ne se livrent à cette industrie que d'une manière secondaire, et parce qu'elle est pour eux un objet d'économie plutôt relatif au terrain qu'au cheval. Nous avons déjà dit que dans la plus grande partie des pays à herbage l'éducation des chevaux avait été sacrifiée à l'opération plus lucrative d'engraisser les bêtes à

cornes. La Normandie est peut-être aujourd'hui la
seule province de France où l'on fasse encore marcher de front, avec quelques succès, ces deux genres
de travaux économiques, faits pour se favoriser mutuellement lorsqu'ils sont dirigés avec goût et intelli-
gence. Mais la plupart des propriétaires ou fermiers
d'herbages, qui savent que sur un pâturage de cent
bœufs ils peuvent élever jusqu'à dix poulains, sans
nuire à l'engrais des premiers, et avec avantage pour
le fonds, se bornent à mettre des poulains dans leurs
herbages, sans trop s'embarrasser des qualités et du
choix, et seulement pour consommer l'herbe à laquelle les bœufs ne toucheraient pas et qui serait
perdue. Les derniers en mettraient même un plus
grand nombre encore, si les propriétaires ne fixaient
ce nombre dans les baux; et il y a soixante ans
que les baux ne stipulaient que deux ou trois chevaux dans un herbage de cent bœufs, « de peur, y
» était-il dit, que le fonds ne dépérît s'il y en avait
» davantage. »

Les herbagers savent bien aussi quelles sont les
races de bêtes à cornes qui conviennent le mieux et
qui s'engraissent plus vite sur tels ou tels pâturages,
dans tels ou tels fonds; mais ils ne s'appliquent que
peu ou point à étudier quel est le pâturage ou le fonds
qui convient le mieux aux poulains qu'ils y mettent;
la vente des bêtes à cornes engraissées est l'objet de
leur spéculation, le seul produisant le revenu positif;
le produit des chevaux n'est qu'accessoire. C'est un
revenu éventuel sur lequel ils ne comptent que se-
condairement.

Au reste, dans les herbages exclusivement consacrés aux chevaux, il est également utile d'entretenir des bœufs qui y produiront la même économie que les poulains dans les herbages destinés aux bêtes à cornes; mais l'intérêt étant différent, les proportions ne sont pas toujours les mêmes. On peut, par exemple, espérer améliorer un fonds maigre en y mettant deux bœufs ou trois à quatre vaches par cheval; un fonds médiocre, en y mettant un bœuf ou deux vaches par cheval; et on pourra entretenir un fonds excellent en y mettant un bœuf pour deux chevaux.

Nous donnerons ici l'extrait d'un mémoire imprimé, adressé au gouvernement en 1790, par les autorités et les propriétaires du département de l'Orne, celui des départemens de la Normandie dans lequel on se livre avec le plus d'activité à *l'élève des chevaux*. Les applications pourront facilement être faites dans tous les départemens qui se trouvent dans les mêmes circonstances, et il y en a un assez grand nombre en France.

« La Normandie abonde en pâturages excellens; c'est dans les bons fonds qu'on engraisse une quantité prodigieuse de bêtes à cornes, dont une grande partie alimente la capitale. C'est dans ces mêmes fonds, et on peut dire partout, qu'on élève des chevaux. Quoiqu'il y ait beaucoup de terrains médiocres et quelques-uns très-mauvais, il en est peu où l'on ne fasse des élèves en chevaux et des bêtes à cornes.

» Le commerce des bœufs tient le premier rang;

celui des chevaux, plus précieux mais moins étendu n'occupe que le second, et est absolument nécessaire au premier.

» Un propriétaire ou un fermier ne ferait pas une combinaison avantageuse à ses intérêts, s'il ne joignait aux bœufs un nombre de chevaux dans la proportion d'un cheval sur dix bœufs. Les motifs de cette proportion sont pris dans la nature des choses.

» Les herbages produisent différentes qualités d'herbes; il en est que les bœufs refusent et que les chevaux mangent. On sait d'ailleurs que les bêtes à cornes ne mangent point l'herbe où d'autres animaux, même de leur espèce, ont fienté ou uriné.

» Il en résulte que dans un herbage peuplé de bêtes à cornes seulement il y aurait une perte réelle d'herbe. On y remédie en faisant manger cette herbe par des chevaux, et l'expérience a appris qu'un cheval suffit pour manger le *refus* de dix bœufs. Ainsi, *un herbage de cent bœufs ne peut être mangé à profit qu'en y joignant dix chevaux pour consommer le refus des cent bœufs.*

» L'engrais des bœufs est plus casuel que *l'élève des chevaux.* La défaveur des saisons, les pâtures trop sèches ou trop mouillées nuisent à l'engrais des bestiaux, et le plus ou moins de consommation influe sur le prix de la vente. L'éducation des jeunes chevaux est plus égale quand on a les connaissances nécessaires et quand on ne s'attache qu'à élever des chevaux de prix.

» Les élèves ont une valeur proportionnée à leur qualité. Un fermier qui a deux belles poulinières seu-

lement paierait quinze cents livres la terre qu'il n'af-
fermerait que mille, s'il n'avait pas l'espoir de vendre chaque année un poulain de cinq cents à mille
livres, s'il est de figure et de qualité supérieure. Or,
on n'obtient l'une et l'autre que par le choix des étalons et des jumens, et ce choix, qui exige des connaissances et des soins, ne peut pas être livré au hasard.

» Les conséquences qu'on doit tirer de ces détails
sont : 1° que *l'élève des chevaux* est nécessairement
liée à l'engrais des bœufs; 2° que la vente des chevaux de race, de figure et de qualité, produit, à frais
égaux pour la nourriture, infiniment plus que celle
des chevaux communs; 3° que le profit sur les élèves
en chevaux étant infiniment au-dessus de celui qu'on
peut espérer dans tout autre genre d'*élève* de bestiaux, c'est celui-ci qui détermine la valeur des biens-
fonds partout où les pâturages sont plus communs
et meilleurs que les terres labourables; 4° qu'indé-
pendamment de l'avantage pour le service d'employer un bon cheval, par préférence à deux mauvais qui doublent les frais de nourriture sans faire
plus d'ouvrage, la qualité supérieure des chevaux
devient la matière d'un commerce précieux; 5° que
l'élévation ou la diminution du prix des terres étant
déterminée par la valeur des élèves, les propriétaires
sont intéressés à la conservation et à la recherche
des moyens qui peuvent propager les belles races,
puisque les plus belles sont les plus chères; 6° enfin,
que la fortune publique, fondée sur les mêmes ba-
ses que celle des particuliers, souffre non-seulement

de la diminution du revenu et de la privation qu'é-
prouve le commerce, mais plus encore de la rareté
et de la détérioration des races, par l'obligation de
remplacer, par des achats à l'étranger, le vide des
productions indigènes. »

CHAPITRE XXIII.

DE LA NÉCESSITÉ DE FAIRE TRAVAILLER LES ÉTALONS ET LES JUMENS DESTINÉS A LA REPRODUCTION.

Nous avons déjà eu plusieurs fois occasion dans cet écrit de faire connaître et de combattre des erreurs. Nous allons essayer d'en signaler une, qu'il n'est pas moins important de détruire, mais que la paresse, l'ignorance, le préjugé et l'incurie de beaucoup de gens soutiendront encore long-temps.

Dans tous les établissemens de haras appartenant au gouvernement ou aux particuliers, les étalons et les jumens poulinières restent dans l'inaction toute l'année ; à peine les soumet-on à une légère promenade de temps en temps, et il y a même des *chevaux de peine* destinés à faire tous les travaux des établissemens, tels que les charrois des fourrages, de l'eau, des commissions, les travaux agricoles, etc. Cette marche très-dispendieuse, qui multiplie inutilement les hommes et les animaux, en même temps qu'elle est contraire au vœu de la nature, est recommandée par tous les écrivains comme indispensable, et n'a pas peu contribué à décourager une foule de propriétaires qui ont craint de se livrer à l'éducation des chevaux, par la perspective de la dépense énorme qu'elle mettait sous leurs yeux.

Les chevaux et les jumens destinés à la régénération dans les établissemens des haras, comme chez
les particuliers, doivent-ils travailler, dans toute l'ac-
ception de ce mot, quels que soient leur race et le
genre de service auquel ils sont destinés?

Oui, ils le doivent ; nous n'hésitons pas à le dé-
clarer, et nous croyons le travail aussi nécessaire aux
individus eux-mêmes, qu'il est utile aux intérêts des
propriétaires sous tous les rapports.

Nous n'examinerons pas ici les raisons sur lesquelles
se fondent ceux qui le défendent ; elles sont trop faibles et trop ridicules, pour ne rien dire de plus.
Nous ne ferons pas non plus un traité d'hygiène pour
prouver combien le travail, même le travail un peu
fort, est nécessaire à la santé ; nous nous rapproche-
rons davantage de notre but, et nous nous bornerons à suivre la marche de la nature.

Quelles sont, par exemple dans l'espèce du cheval, les races qui multiplient le plus? Ce sont, sans
contredit, celles qui travaillent davantage et le plus
fortement. En vain on recommanderait aux propriétaires de chevaux de trait et de somme, destinés
à la propagation, de se borner à les promener seulement, sans les faire travailler ; ce précepte leur parai-
trait absurde, et ils auraient raison. S'il en avait été
ainsi des propriétaires de chevaux et de jumens distingués, le peu de fécondité de la plupart de ces
animaux n'aurait pas contribué, comme cela est
arrivé, à la diminution et à la disparition assez rapide de quelques races. La marche de la nature est
uniforme dans chaque espèce d'animal ; on ne la

contrarie jamais impunément, et c'est toujours avec fruit que l'on suit son impulsion. Voyez le cheval de trait, couvrant sa femelle en rentrant du travail de la journée et le plus souvent harassé de fatigue; il la féconde constamment. Voyez l'étalon ambulant qui court de village en village, et qui paraît plus ou moins exténué, il ne trompe jamais les femelles qu'il saillit. Voyez la jument du voyageur, couverte par hasard, dans l'écurie d'une auberge, par le premier cheval entier qui se lâche, elle ne manque pas de faire son poulain. Voyez les jumens de charrois et d'artillerie, en campagne, épuisées de fatigue, de misère et de faim, couvertes par des chevaux qui sont dans le même état, se trouver pleines, quoique le plus souvent elles ne puissent amener leur poulain à terme. Voyez enfin, dans les haras sauvages, dans les haras parqués, dans la monte en liberté, les étalons et les jumens courir, se fuir, se rapprocher, s'échauffer, se mordre, se battre, et finir toujours par une fécondité constante. Comparez ces animaux avec les étalons des haras domestiques, bien soignés, bien gras, ne travaillant point, couvrant, avec toutes les précautions imaginables, une seule jument par jour, et ne fécondant pas la moitié, pas même quelquefois le tiers de celles qui leur ont été présentées, et qui sont elles-mêmes dans le même cas. Une pareille comparaison ne laissera pas long-temps de doutes sur la nécessité du travail. Mais suivons encore la marche de la nature dans quelques autres espèces, et nous serons bien convaincus qu'elle est toujours la même dans son but et dans ses moyens.

Voyez les animaux sauvages, les cerfs, les daims, les chevreuils, les lièvres et autres, faire de longues courses, parcourir les forêts et les plaines, se livrer des combats, se couvrir de sueur, rassembler un nombre indéterminé de femelles, se les approprier exclusivement, en couvrir un plus ou moins grand nombre, et plusieurs fois par jour; se refuser le boire et le manger, pour ne s'occuper que de la génération, devenir très-maigres, s'exténuer, pour ainsi dire, et cependant être très-féconds. Nous avons sous les yeux des animaux auxquels la domesticité n'a pas encore attaché le licol éternel : les chiens, les chats. Quelles allées et venues, quelles courses plus ou moins violentes et répétées ne fait pas la femelle du premier pour attirer, en fuyant, les mâles sur ses pas ! et ceux-ci haletans, épuisés de fatigue, se livrant néanmoins à la copulation, et faisant toujours un nombre considérable de petits ! Pourquoi ces courses, ces travaux, cette espèce d'exaltation, de raréfaction des liqueurs animales dans ces circonstances, si tout cela n'était pas nécessaire aux vues de la nature et à la conservation des espèces ?

Mais n'avons-nous pas encore plus près de nous, et dans l'espèce humaine, des exemples frappans et généralement connus qui prouvent ce que nous venons de dire ? Ne sait-on pas que les habitans des campagnes, qui travaillent plus, et qui sont généralement plus mal nourris, plus mal vêtus, plus mal logés que les habitans des villes, sont toujours entourés d'une nombreuse génération, forte et vigoureuse comme leur père. Ne sait-on pas que, dans les villes même, les ouvriers et les autres classes du peuple produisent un plus grand nombre d'enfans, que les riches oisifs qui jouissent de tous les délices de la vie, et qui les paient par une infécondité assez générale et toujours prématurée. *Le travail est donc nécessaire, indispensable même aux chevaux et aux jumens destinés à la propagation.*

Si cette vérité était plus généralement connue qu'elle ne l'est, un bien plus grand nombre de cultivateurs se livreraient à la multiplication et à l'amélioration des chevaux, car celle-ci est nécessairement la suite et l'effet de la première. Ils ne considéreraient plus les étalons et les jumens poulinières comme des animaux dispendieux destinés à être entretenus dans l'inaction toute l'année ; et s'ils étaient persuadés qu'on peut, comme nous l'avons dit dans le chapitre précédent, élever des chevaux partout et sans pâturages, on en verrait beaucoup substituer aux chevaux entiers et hongres qu'ils emploient actuellement à la culture de leurs terres, des jumens qui leur donneraient annuellement des productions propres à les remonter, et dont l'excédant serait livré avantageusement au commerce. Nous connaissons quelques maîtres de postes, quelques grands cultivateurs dont les établissemens sont montés en jumens, et où il y a un attelage de chevaux entiers travaillans, destinés à servir d'étalons : les jumens sont employées aux différens services jusqu'au moment de mettre bas ; il n'en coûte à ces propriétaires que quelques jumens de plus, en proportion de l'étendue de leur exploitation, pour le moment de la mise-bas, et la dépense de quelque arpens de prairies artificielles , destinées à la nourriture des mères et des productions. Mais ils sont amplement dédommagés de cet excédant de dépenses par le profit qu'ils retirent de la vente de leurs poulains.

Si nous jetons un coup d'œil rétrograde sur nos haras, nous verrons que tout ce que nous conseillons aujourd'hui se pratiquait autrefois, et lorsqu'ils étaient dans un état de prospérité en France. Alors tous les grands propriétaires s'occupaient de cet objet, qui était productif ; ils montaient au manége leurs étalons et leurs jumens ; ils les employaient à la chasse, à la guerre, à la culture de leurs terres, et à tout autre service ; alors non-seulement l'espèce était nombreuse , mais les races étaient mieux choisies et mieux conservées. Pourquoi le cultivateur ne serait-il pas aujourd'hui ce qui se faisait autrefois avec profit ? Pourquoi le bidet d'un fermier ne serait-il pas un bon étalon ou une bonne jument poulinière ? Il n'existait pas alors de réglemens des haras qui défendaient de faire travailler les étalons, et cependant tout allait bien. Ces réglemens, qui devenaient des lois, ont fait oublier des ouvrages qui donnaient des préceptes contraires, et dès lors se trouvaient inutiles ; mais les réglemens ont cessé, et les bons principes fondés sur les lois de la nature doivent reprendre l'empire qu'ils n'auraient jamais dû perdre. Nous avons cru qu'il était utile de les rappeler.

Nous ne dirons rien ici des autres soins nécessaires aux étalons et aux jumens poulinières, et qui leur sont communs avec tous les autres chevaux ; tels que la bonne nourriture, des écuries saines, le pansement de la main, etc. On sent aisément que s'ils sont nécessaires à tous, ils doivent l'être plus particulièrement encore aux animaux destinés à la conservation et à l'amélioration de l'espèce : et l'intérêt du propriétaire est trop intimement lié à tous ces objets, pour qu'il ne s'empresse pas d'en surveiller l'exécution avec le plus grand soin.

CHAPITRE XXIV.

DE LA MONTE, DE LA GESTATION OU DE LA GROSSESSE,
DE L'AVORTEMENT, DE LA MISE-BAS OU DE L'ACCOU-
CHEMENT DE LA JUMENT, ET DES SOINS A DONNER AU
POULAIN.

Nous aurons encore ici des erreurs à combattre
et des préjugés à vaincre.

La monte.

L'époque de la monte est indiquée par celle de la
chaleur des jumens. Cette époque a lieu ordinairement au printemps. Quelques jumens entrent pério-
diquement en *chaleur*, d'autres y sont très-fréquem-
ment. L'état des premières cesse par la saillie et par
la plénitude; celui des secondes ne cesse pas, et ces
jumens sont assez fréquemment inféconces. Leur
poitrine est presque toujours en mauvais état, et
elles ne peuvent donner des résultats satisfaisans
pour les propriétaires.

Beaucoup d'auteurs recommandent une foule de
précautions avant et après la monte, soit pour les
étalons, soit pour les jumens : comme de les mettre
à une nourriture plus échauffante pendant quelque
temps, de leur donner même des drogues qu'on croit

propres à exciter la *chaleur* dans la jument, et la fécondité dans l'étalon; de les saigner, de les purger,
de les mettre à l'usage des rafraîchissans, du son, des
préparations d'antimoine, lorsque la monte est ter-
minée, sous le prétexte qu'ils sont échauffés et qu'ils
ont besoin d'être rafraîchis. Toutes ces mesures,
toutes ces précautions qui tendent, les unes à forcer
la nature, les autres à l'épuiser encore davantage,
ne prouvent que l'ignorance et l'entêtement de ceux
qui les conseillent et également de ceux qui les pra-
tiquent. Ne doit-on pas dans ce cas, comme dans
tous ceux que nous avons déjà cités, suivre la marche de la nature, au lieu de la contrarier? et a-t-on
jamais conseillé avec fruit la saignée, les purgatifs et
les rafraîchissans aux hommes épuisés par de pareils
travaux?

Il suffit donc avant, pendant et quelques jours
après la monte, d'augmenter la nourriture de l'étalon,
pour le fortifier et réparer ses pertes, et de la lui donner meilleure et mieux choisie, s'il est possible. C'est
ainsi, par exemple, qu'on peut ajouter quelques poi-
gnées de froment, ou de pois, ou de lentilles, ou de
féverolles, ou d'autres graines légumineuses, à sa ration accoutumée. Le chenevis, le fenugrec, connu
sous le nom de sennegrain, et les autres graines
échauffantes sont inutiles et quelquefois nuisibles.

La monte se fait ou en *liberté* ou à la *main*.

Dans la première, l'étalon est lâché dans un pré avec
les jumens, et il les saillit aussi souvent qu'il le veut;
on retire les jumens à mesure qu'elles cessent d'être
en chaleur, c'est-à-dire lorsqu'elles refusent l'étalon.

Cette méthode, qui est la plus certaine pour la fécondité, a néanmoins quelques inconvéniens que nous devons faire connaître, et auxquels nous indiquerons les moyens de remédier.

L'étalon s'épuise promptement, parce qu'il saillit d'abord un très-grand nombre de jumens, ou plusieurs fois la même, et cette répétition de saillie ne peut que l'épuiser inutilement pour la reproduction, puisqu'il suffit ordinairement d'une seule saillie pour la fécondation.

Quelquefois il affectionne une jument plus particulièrement, et il ne saillit que celle-là, négligeant les autres, qui ne se trouvent pas pleines ou qui ne le deviennent qu'en petit nombre.

Il faut d'ailleurs un surveillant ou gardien qui ne quitte point l'enclos, et qui note exactement les jumens saillies, et celles qui auront refusé l'étalon la seconde ou la troisième fois, pour les retirer lorsque leur chaleur est passée.

On peut prévenir ces inconvéniens en mettant l'étalon dans un enclos, et en lui lâchant successivement les jumens qu'on veut qu'il couvre, et qu'on retire à mesure qu'elles l'ont été. On pourrait ainsi lui en donner deux par jour, une le matin, l'autre l'après-midi, en sorte qu'en dix ou quinze jours il aurait sailli vingt ou trente jumens qu'on lui ferait successivement repasser si elles étaient encore en chaleur.

L'étalon doit rentrer à l'écurie pour ses repas et pour la nuit, et il pourra, dans l'intervalle des deux saillies, faire quelque exercice approprié à sa race.

Cette méthode est préférable, sous tous les rapports, à celle de la monte à la main, dans laquelle les jumens sont garottées et attachées de manière à recevoir l'étalon, même malgré elles.

Dans cette monte, la jument est placée sur un terrain uni. On lui met une bricole et des entravons aux pâturons de derrière, dont les longes se croisant sous le ventre, viennent se fixer à deux anneaux attachés à la bricole; elle a un bridon, même quelquefois un torche-nez; et un homme lui tient la tête haute pour l'empêcher de ruer.

Dans les établissemens ruraux où la saillie est fréquente, on enfonce en terre deux poteaux, semblables à ceux du manége, qu'on plante dans la partie la plus convenable. Ils sont percés chacun d'un trou à la hauteur de la tête de la jument, et garnis d'un anneau de fer pour attacher le bridon ou les longes du licol. Ces poteaux, peu dispendieux, sont très-commodes pour la facilité du service.

L'étalon est amené avec un caveçon ou avec un licol à deux longes, tenus de chaque côté par un homme; lorsqu'il est trop ardent, on lui met des lunettes, c'est-à-dire qu'on lui couvre la vue; on l'approche peu à peu de la jument : on l'empêche de la monter avant d'être en état; et lorsqu'il y est, on lui en laisse la liberté, en lâchant de la longe de chaque côté. Un des hommes dirige le membre dans la vulve et écarte la queue de la jument ou les crins qui pourraient gêner l'introduction. Celui qui est à la tête de la jument lui ôte alors le torche-nez. Lorsque l'étalon a fini, on avance la jument d'un pas,

après avoir détaché les longes du licol ou des pi-
liers, s'il y en a ; et ceux qui tiennent l'étalon l'em-
pêchent en même temps d'avancer sur elle, et le
font descendre doucement et sans reculer.

Il ne faut pas, avant la monte, pour empêcher le
cheval de s'enlever et de se mettre sur les jarrets,
comme il arrive souvent, ni pour le faire descendre,
lui donner des saccades avec les longes du caveçon,
ce qui n'est que trop ordinaire de la part des hommes
qui le tiennent. Ces saccades, en le déterminant à se
porter en arrière, lui ruinent encore plus les jarrets
qu'il ne le ferait lui-même, et le forcent quelquefois
à se renverser et à se blesser.

Après la monte, l'étalon sera bouchonné et ren-
trera à l'écurie, comme après l'exercice.

On a prescrit, pour les jumens, de leur jeter un
seau d'eau fraîche sur la croupe, de les passer à l'eau,
de les faire trotter, de leur frotter le dos avec un
bâton, etc. Toutes ces mesures sont plus ridicules les
unes que les autres. Ceux qui les ont conseillées n'en
ont jamais vu d'analogues dans les espèces qui ne
sont pas soumises à l'empire de l'homme, et elles
produisent bien plus souvent un effet opposé à celui
qu'on en attend. Que font les femelles des animaux
sauvages, dans ce cas ? Que font celles de nos animaux
qui ne sont pas à l'attache ? elles se retirent doucement
dans un lieu sombre et tranquille, elles s'y couchent
et s'y reposent. Faites donc rentrer les jumens à l'é-
curie, et laissez-les tranquilles au moins quelques
heures après cette opération.

Il est même important de ne pas les bouchonner

alors, parce que cette opération, en les chatouillant, pourrait les exciter à rejeter la liqueur spermatique, et peut-être troubler l'opération de la conception, si elle n'est pas consommée.

Si l'étalon est plus haut que la jument, il faudra placer celle-ci sur un terrain un peu plus élevé ; et si, au contraire, la jument est plus haute que l'étalon, il faudra la placer sur un terrain un peu plus bas : une pente douce suffit dans les deux cas ; dans le premier, la jument sera placée montant la pente, et l'étalon se trouvera sur la partie la plus basse ; dans le second la jument sera placée descendant la pente, et l'étalon sur la partie la plus haute.

Dans la monte en liberté, l'étalon et les jumens doivent être déferrés des quatre pieds ; dans la monte à la main, le premier doit être déferré des pieds de devant, et la seconde, des pieds de derrière ; afin, dans l'un et dans l'autre cas, d'éviter les suites des coups de pied. Ce déferrage n'empêche point les animaux de travailler, et on sait que ceux qui vont constamment sur la terre peuvent se passer d'être ferrés.

Le nombre de jumens que chaque étalon doit saillir par monte est fixé par tous les écrivains de vingt à trente, et par les réglemens des haras, à trente-cinq ; mais ce nombre doit être subordonné à l'âge de l'étalon, à la nature de sa race, ou au service qu'on se propose d'en tirer.

Un étalon jeune, ardent, qui commence la saillie ; un étalon déjà âgé et qui est plus ou moins fatigué, ont besoin, l'un et l'autre, d'être plus ménagés que celui qui, dans la force de l'âge, a toute sa vigueur et peut servir un plus grand nombre de femelles. Si vingt ou trente jumens suffisent aux premiers, le dernier peut en servir trente à quarante avec avantage.

L'étalon de race pure, le cheval fin, dont on attend beaucoup pour la régénération et l'amélioration, et qu'on a intérêt de conserver long-temps, doivent être bien plus ménagés que le cheval de race métisse ou que le cheval commun, dont on n'a besoin que pour commencer ou entretenir l'amélioration, et qu'on peut renouveler plus facilement. Ainsi, vingt ou trente jumens suffisant aux premiers, on pourra, sans inconvénient, en donner aussi trente à quarante aux seconds.

Il en est du nombre des saillies comme du nombre des jumens, elles doivent également être proportionnées à la force et à la finesse de l'étalon. On n'en laissera faire qu'une au jeune ou au vieux cheval, par jour; on les laissera même reposer de deux jours l'un, ou le troisième jour. Il en sera de même du cheval de race; mais le cheval de trait, le cheval de chasse, fort et vigoureux, pourront saillir deux jumens par jour, comme nous l'avons dit, même en travaillant et sans se fatiguer beaucoup.]

CHAPITRE XXV.

LA GESTATION OU LA GROSSESSE.

Le premier signe, le signe le plus naturel pour annoncer que la jument a conçu, ou qu'elle est pleine, c'est la cessation de la chaleur. Ceux qui lui succèdent sont, peu à peu l'amplitude du ventre, qui descend et *s'avale* en même temps que la partie supérieure des flancs se creuse; l'affaissement des muscles qui forment les fesses, affaissement qui paraît produire, en apparence, avec le creusement des flancs, plus de hauteur des hanches et du tronçon de la queue; sur la fin, le gonflement des mamelles et l'écartement des jambes de derrière, surtout quand la jument trotte.

Ces signes ne sont cependant pas tellement certains, qu'on puisse les regarder comme infaillibles, surtout jusqu'au sixième mois, époque où le poulain peut se laisser apercevoir par des mouvemens extérieurs. Il est des jumens qui cessent d'être en chaleur sans être pleines; il en est, parmi celles de race, dont le ventre acquiert peu de volume pendant la plénitude, et dans quelques-unes même les mamelles ne se font que quelque jours avant la mise-bas, tandis que dans d'autres elles commencent à gonfler dès le neuvième ou dixième mois.

Le moyen de s'assurer de la présence du poulain avant le sixième mois, de manière à ne laisser aucune équivoque, c'est de *fouiller la jument*, c'est-à-dire de lui introduire la main et le bras bien huilés dans le fondement après l'avoir vidé, comme quand on donne un lavement, et de reconnaître, par l'état de la matrice, si elle est pleine ou non. Cette manœuvre, qui doit se faire avec beaucoup de douceur et de ménagement, et à laquelle plusieurs jumens ne se prêtent pas très-facilement, ne doit être pratiquée au surplus que par un vétérinaire instruit de la véritable position du *fœtus* dans le ventre de sa mère. Il ne faut pas compter, au reste, sur le moyen indiqué par plusieurs écrivains, qui conseillent de verser de l'eau dans les oreilles des jumens qu'on soupçonne être pleines, et qui prétendent que si elle l'est, elle ne secouera que la tête et les oreilles seulement, tandis que si elle ne l'est pas, elle se secouera fortement de tout le corps.

Après le sixième mois, on reconnaît facilement, avec un peu d'attention, les mouvemens du poulain au flanc et au ventre du côté droit, 1º quand la jument est couchée sur le côté gauche; 2º quand elle mange, ou peu après qu'elle a mangé; 3º en buvant, ou immédiatement après qu'elle a bu. Il est aisé de rendre raison de ces mouvemens dans ces circonstances.

L'estomac étant situé dans le côté gauche du ventre, force, lorsqu'il est rempli, la matrice, qui est placée alors dans le côté droit, à se rapprocher de la peau, et les mouvemens du poulain deviennent plus sensibles. Il en est de même lorsque la jument est couchée sur le côté gauche ; l'estomac se trouvant sous la matrice, la soulève et la pousse dans le flanc droit. Lorsque la jument boit, la fraîcheur de la boisson ou la plénitude subite de l'estomac agissant promptement sur le poulain, dont la croupe est tout près de l'estomac , surtout lorsque la plénitude est un peu avancée, le forcent à faire quelques mouvemens aisés à reconnaître.

La durée de la gestation n'est pas plus certaine dans la jument que dans les femelles des autres espèces. Elle porte cependant assez généralement son poulain un an ; elle met ordinairement bas dans le douzième mois, ou au commencement du treizième.

L'état de plénitude ou de grossesse ne s'oppose point au travail des jumens, comme nous l'avons déjà dit, et nous avons encore à citer ici, en faveur de cette opinion, non-seulement les jumens de trait qui travaillent jusqu'au dernier moment, mais encore, dans l'espèce humaine, les femmes livrées à des travaux pénibles ; ces femmes sont même moins sujettes aux fausses couches ou à l'avortement que les femmes oisives. Nous avons vu des jumens pleines, livrées, jusqu'au moment de mettre bas, aux travaux les plus fatigans, tels que le débardage des bois flottés et l'extraction des coupes dans les bois et forêts, faire leur poulain pour ainsi dire en travaillant , et continuer, en le nourrissant, les mêmes travaux. On a vu, à l'école vétérinaire d'Alfort, une jument destinée à charrier l'eau, l'aller chercher au bac de Carrière, sous Charenton, et être obligée de monter tous les jours à charge le roidillon de la berge et du chemin, ce qu'elle ne pouvait faire sans efforts et sans élans plus ou moins répétés pendant quelques minutes, continuer cependant ce travail très-fatigant pendant toute sa plénitude, et en nourrissant son poulain.

Il ne faut pas néanmoins conclure, de ce que nous disons ici, que les jumens pleines doivent travailler comme si elles ne l'étaient pas : ce serait, de la part des propriétaires, mal entendre leurs intérêts, que de les excéder. Elles ont, outre le travail, à nourrir le poulain qu'elles portent ; on doit donc, quelles qu'elles soient, les bien soigner, les bien nourrir, et les faire travailler modérément tous les jours.

Tous ceux qui se livrent à *l'élève des chevaux* sont dans l'habitude de faire saillir leurs jumens huit ou neuf jours après qu'elles ont mis bas. Cette marche, dictée par l'intérêt, ne peut être que très-fatigante pour les jumens qui sont obligées de nourrir à la fois et le poulain qu'elles portent et celui qu'elles allaitent ; ce qui doit tendre à les épuiser promptement, en même temps que leurs productions se ressentent de cet état d'épuisement ; les mères ne peuvent donner ce qu'elles n'ont pas elles-mêmes. Nous ne conseillons donc pas de suivre cette marche pour les jumens de race et pour les jumens fines qu'on veut employer pour la régénération, et qui ont besoin d'être conservées avec soin. Si le propriétaire paraît y perdre dans le nombre des productions, il en est bien dédommagé par la perfection et la bonté de celles qu'il obtient lorsqu'il donne aux mères tout le temps de les amener à bien, en ne les faisant saillir que tous les deux ans.

Les jumens pleines doivent être placées plus au large dans les écuries, que celles qui ne le sont pas, et elles ne doivent pas être mises dans des stales ou loges où elles seraient gênées et mal à leur aise. Il est même prudent de supprimer les barres, avec lesquelles, en les faisant vaciller, elles peuvent se blesser.

CHAPITRE XXVI.

DE L'AVORTEMENT.

L'AVORTEMENT est la sortie du poulain du ventre de sa mère avant le terme fixé par la nature.

Quoique une foule de causes puissent y donner lieu, cet accident n'est cependant pas aussi commun qu'on pourrait le croire.

Un travail forcé ou trop fatigant, des coups sur les reins, des coups de pied sur le ventre par d'autres chevaux, des heurts dans les brancards ou dans les limons des voitures, ou contre les portes des écuries, en rentrant, des coups d'éperons trop répétés ou trop violemment donnés, la boisson trop fraîche, lorsque les jumens ont chaud, en sont les causes les plus ordinaires.

On a observé que les jumens d'un tempérament lâche et mou, celles qui ne font que peu ou point d'exercice, y étaient plus exposées que les autres.

Il est des jumens dans lesquelles l'avortement n'est ni précédé, ni accompagné, ni suivi d'aucun signe maladif; elles jettent le poulain et l'arrière-faix, ou ce qu'on appelle le *délivre*, sans en paraître aucunement incommodées. Dans d'autres, cet accident est une véritable maladie qui exige les soins d'un vétérinaire.

Dans l'un et dans l'autre cas, il arrive assez souvent que la jument qui a avorté retient difficilement dans la suite et reste quelquefois inféconde. Il est donc très-important de prévenir les causes qui peuvent y donner lieu.

Lorsque la jument jette son poulain seule et sans paraître malade, il n'y a rien à lui faire que de la tenir quelques jours en repos, et de lui donner une bonne nourriture. Si elle paraît faible, on pourrait lui faire avaler un ou deux litres de vin, ou de cidre, ou de bière, dans les vingt-quatre heures.

Si le poulain ou les membranes qui l'enveloppent se présentent à l'extérieur de la vulve, sans pouvoir sortir, il faut les tirer doucement, et même les aller chercher jusqu'à l'orifice de la matrice, qui est quelquefois resserrée et s'oppose à leur sortie; on se frotte la main et le bras avec de l'huile douce ou du beurre, et on cherche à dilater ou élargir peu à peu l'orifice avec les doigts; le tout vient assez ordinairement après quelques tentatives. Il est d'autant plus important d'aller doucement dans ce cas, que des tentatives brusques et violentes pourraient donner lieu à la chute de la matrice.

Il ne faut pas non plus prendre les enveloppes du poulain pour une chute du vagin ou de la matrice, comme nous les avons vu prendre quelquefois par des maréchaux qui se hâtaient de faire rentrer le tout, et qui voulaient faire des points de suture à la vulve pour empêcher une nouvelle sortie. Heureusement que la nature, plus prompte que l'opérateur, s'était débarrassée de ce qui lui était étranger, avant que l'opération fût faite.

Si la mort du poulain est assez ancienne pour qu'il ait déjà contracté un certain degré de putridité, il faut, après sa sortie, non-seulement donner à la jument ce que nous avons indiqué plus haut, mais encore faire doucement dans la vulve des injections avec une infusion de plantes aromatiques quelconques, aiguisée d'un peu d'eau-de-vie ou de vinaigre.

Enfin, si l'avortement a lieu à une époque déjà avancée de la plénitude, et que la jument ait du lait en assez grande quantité pour faire craindre que sa suppression trop subite ne soit dangereuse, il faudra la traire pendant quelque temps. Ce lait pourra être donné sans inconvénient aux cochons.

CHAPITRE XXVII.

DE LA MISE-BAS OU DE L'ACCOUCHEMENT.

————

CETTE opération de la nature est simple et presque toujours sans accident. Ce n'est une maladie que par les entraves de la domesticité, et lorsque nous empêchons les femelles de se suffire à elles-mêmes.

L'accouchement prochain s'annonce, non-seulement par le ventre qui tombe entièrement, et par l'amplitude des mamelles qui laissent échapper des gouttes d'un lait gluant et visqueux, mais encore par l'engorgement des jambes de derrière, par le malaise général qu'éprouve la jument, par sa plus grande difficulté à marcher, par sa pesanteur, par son agitation presque continuelle, par la difficulté qu'elle a de trouver une bonne place, par le remuement fréquent de la queue, par le gonflement de la vulve, par l'écoulement d'une humeur séreuse, rougeâtre, etc. Alors la jument doit être libre dans une écurie assez grande et avec une bonne litière.

Toutes les femelles des animaux mettent bas seules et sans secours étrangers. Il arrive rarement qu'elles aient besoin d'aide, et il faut même se garder de

les prodiguer à contre-temps. Par exemple, beaucoup de personnes se hâtent, dès que les membranes
paraissent au bord ou hors de la vulve, de les percer,
de donner lieu à l'écoulement des eaux, et de tirer
le poulain hors de la matrice, même avec efforts.
Cette manœuvre précipitée, et avant que la nature ait disposé peu à peu les parties à se dilater et
à faciliter le passage, retarde ordinairement le *part*
ou l'accouchement au lieu de l'accélérer, comme
on le croit, et donne assez souvent lieu à des accidens, ou fait naître des obstacles qu'on n'aurait
pas éprouvés, si l'on eût abandonné l'opération à la
nature.

Il en est de même de tous les breuvages que l'on
recommande comme propres à faciliter l'accouchement et la sortie du *délivre;* ils sont composés de
drogues très-échauffantes, et ils font réellement plus
de mal que de bien en donnant à la jument une maladie dont elle guérit à la vérité, mais qu'elle n'aurait pas eue si on l'eût laissée à son régime ordinaire.

On peut se borner à vider le rectum ou le fondement de la trop grande quantité d'excrémens qu'il
contient quelquefois, soit en donnant un ou deux
lavemens, soit en retirant les excrémens avec la main
bien huilée.

La jument pouline debout ou couchée; dans le
premier cas, le poulain ne se fait point de mal en
tombant : il est retenu en partie par les membranes
dans lesquelles il est enveloppé, et par le cordon ombilical ; il présente le bout du nez et les deux pieds

de devant; ils sont poussés par les contractions de la matrice et des muscles du bas-ventre qui déterminent l'accouchement. Ils crèvent les membranes, facilitent sa sortie en faisant l'office de coin, et le poulain roule plutôt qu'il ne tombe. Au reste, cette opération est ordinairement très-prompte et ne dure pas plus de quelques minutes.

Le cordon ombilical se rompt ordinairement lors de la sortie du poulain, quand la jument est debout, ou lorsqu'elle se relève, quand elle a pouliné couchée. La secousse que cette rupture occasione facilite la sortie de l'arrière-faix ou du délivre.

Si la rupture n'a pas lieu naturellement, la jument mâche le cordon et le rompt elle-même. Elle mange aussi, à l'exemple des autres femelles des animaux, le délivre, lorsqu'on ne le lui ôte pas aussitôt la sortie, et on n'a point observé encore qu'il en soit résulté le moindre inconvénient.

Cependant, si le cordon ne s'était point rompu, que la jument ne l'eût point mâché ou qu'elle fût faible, il suffirait de le rompre à trois pouces du nombril, et de le lier à son extrémité.

On doit regarder comme dénué de fondement tout ce qu'on a dit de l'*hippomane* qui doit se trouver sur le front ou sur la langue du jeune animal, et qu'il faut, dit-on, l'empêcher avec grand soin d'avaler, lorsqu'il respire pour la première fois, tandis qu'au contraire on doit le laisser manger à la mère, qui sans cela ne voudrait pas allaiter son poulain, etc. De pareilles absurdités ne peuvent pas être réfutées sérieusement aujourd'hui.

Il suffit, après la mise-bas, de bouchonner et de couvrir la jument, de lui donner quelques seaux d'eau blanche dégourdie, et, si elle paraît fatiguée, de la traiter comme nous l'avons indiqué pour la suite de l'avortement.

Il est important de ne point la distraire par la présence de plusieurs personnes dans l'écurie et autour d'elle; il faut la laisser parfaitement tranquille. Les femelles de toutes les espèces d'animaux se retirent à l'écart et se cachent dans cette circonstance; le plus grand nombre met bas la nuit, ou cherche au moins l'absence de la lumière.

Lorsque le *délivre* ne suit pas immédiatement le poulain, il ne faut pas se hâter de l'extraire. On attendra quelques heures, même jusqu'au lendemain, sans danger; alors il faudra se conduire comme nous l'avons indiqué pour l'avortement, et avec autant de douceur, pour éviter également la chute de la matrice.

La jument qui a mis bas doit être bien nourrie; elle peut recommencer à travailler au bout de huit jours et même plus tôt. Des jumens arabes font souvent douze à quinze lieues le lendemain de leur mise-bas, sans qu'elles en soient incommodées; et la plupart de nos jumens de trait, dans les campagnes, travaillent souvent dès le second jour.

On a dit que le premier poulain d'une jument était rarement aussi étoffé que les suivans, parce que, se trouvant dans un espace non encore occupé, il était obligé de préparer, à ses dépens, la place des autres. Cette idée est aussi fausse pour la jument que pour toutes les autres femelles. Les premières productions sont aussi bonnes, aussi fortes et aussi vigoureuses que les autres, lorsqu'elles ont été également bien soignées d'avance, dans le choix de l'étalon et de la jument, comme après leur naissance.

CHAPITRE XXVIII.

SOINS DES POULAINS.

Aussitot que le poulain est né, sa mère le lèche pour le débarrasser d'une espèce de crasse visqueuse dont il est couvert, et qui l'encroûte pour ainsi dire. Cette opération est commune à toutes les femelles des animaux, et si la jument s'y refusait ou tardait trop long-temps, on pourrait l'y exciter en saupoudrant légèrement le petit avec du son ou avec un peu de sel.

Le poulain essaie bientôt de se mettre sur ses pieds; il a quelquefois de la peine à réussir d'abord et à s'y tenir. On peut l'aider, et il suffit souvent de le lever pour qu'il s'y tienne, quoique chancelant.

Il cherche aussitôt la mamelle de sa mère. On peut encore l'aider dans cette recherche et faciliter l'allaitement en lui mettant le bout du mamelon dans la bouche, ou en tenant la jument, qui quelquefois dans ce cas, et surtout lors d'un premier poulain, est plus ou moins affectée douloureusement de cette première succion, à laquelle d'ailleurs elle se fait promptement.

C'est un préjugé que de ne pas laisser téter au poulain le premier lait, sous le prétexte qu'il est mauvais et qu'il doit être jeté; comme si la nature ne savait pas mieux ce qu'elle fait que les prétendus régulateurs de sa conduite. Ce lait séreux et jaunâtre a été destiné par elle à évacuer le *méconium* qui s'est amassé dans les intestins du poulain pendant la durée de la gestation, et aucune substance étrangère n'a cette vertu comme ce premier lait.

Si le poulain a souffert au passage ou pendant l'accouchement, s'il paraît faible, s'il ne tète point, on peut lui donner un peu de vin et d'eau tiède, ou traire sa mère, et lui faire avaler ce lait de suite ; c'est le meilleur remède qu'on puisse lui donner. Il faut aussi le tenir chaudement avec la jument, le laisser coucher près d'elle, et ne point le tourmenter.

Il faut l'examiner immédiatement après sa naissance, pour voir s'il a toutes ses parties ; et quoique les monstruosités ne soient pas fréquentes dans les poulains, on en a vu naître ayant des orifices, comme celui du fondement, par exemple, fermé, et pour l'ouverture desquels il est nécessaire d'avoir recours au vétérinaire.

On sent, au reste, que la jument qui met bas dans la prairie, et son poulain, n'ont besoin ni l'un ni l'autre de tous ces petits secours domestiques, et que, quoique exposés souvent à toutes les intempéries de la saison, ils se suffisent à eux-mêmes.

Le poulain peut suivre sa mère quelques jours après sa naissance, soit qu'on la promène, soit qu'elle travaille. Il tète chaque fois qu'elle s'arrête ; mais l'exercice comme le travail doivent être proportionnés à la faiblesse du petit. Ce n'est pas que nous n'en ayons vu, à la suite des armées, faire, aussitôt

leur naissance de longues routes avec leur mères.
Nous en connaissons un, très-vigoureux aujourd'hui,
qui à neuf jours a suivi sa mère par un temps de
pluie et de neige, et dans de mauvais chemins, pendant une route de trois cents lieues, à six lieues et
plus par jour. Nous avons vu aussi, dans une autre
espèce, les petits des buffles, pendant une route d'I-
talie en France, naître la nuit, suivre leurs mères le
lendemain, et faire journellement six à huit lieues
sans être fatigués.

Si quelque accident empêche la jument de nourrir
son poulain, on peut l'élever sans téter, avec du lait,
soit de jument, soit de chèvre, soit de vache; et on
l'habituera aisément à boire seul. Il suffit, comme
au veau, de lui mettre le doigt ou un chiffon mouillé
de lait, dans la bouche; il commence par sucer, il
boit ensuite.

La jument qui allaite et qui travaille doit être
bien nourrie; l'économie dans ce cas est une véritable perte. Le lait doit être abondant : il l'est d'autant moins, que la jument travaille plus, et qu'elle
ne peut réparer ses pertes par une nourriture suffisante. On ajoutera donc à sa ration ordinaire en
proportion de ses forces et du travail qu'on en
exige.

A deux mois, le poulain commence à manger
des alimens solides, soit à la prairie, soit à l'écurie.
Dans ce dernier cas, le fourrage qu'on donne à la
mère, et dans lequel le petit s'amuse à chercher
quelques brins, doit être fin et délicat autant qu'il
est possible. Le poulain se prépare ainsi peu à peu

au sevrage, qui est bien plus facile dans l'écurie que lorsqu'il reste à la pâture.

On sèvre les poulains ordinairement à six ou sept mois, et pour cela on les séquestre peu à peu de leurs mères, en augmentant leur nourriture dans la proportion de la diminution du lait qu'ils éprouvent successivement. Au reste, si la jument ne porte que tous les deux ans, on peut la laisser nourrir plus long-temps. La nature indique l'époque du sevrage par la suppression du lait, et alors la jument ne laisse plus téter le poulain, qui la fatiguerait inutilement. En général cette époque est accélérée dans les jumens qui travaillent et dans les jumens fines.

Le poulain sevré à l'herbe n'a besoin d'aucun changement dans sa nourriture; celui sevré à l'écurie, et qui n'est pas encore accoutumé au grain, exige quelques ménagemens. Il ne faut pas d'abord lui donner l'avoine entière, mais la faire concasser, ainsi que l'orge qu'on pourra alterner avec l'avoine. Il faut aussi lui donner pendant quelque temps à boire de l'eau blanche.

Le son est une mauvaise nourriture pour les poulains; il n'est bon qu'autant qu'il contient beaucoup de farine, et pour faire de l'eau blanche seulement. On doit même avoir l'attention de l'ôter de l'eau pour laquelle il a été employé, avant de la donner à boire. On peut le faire manger alors aux volailles ou aux cochons.

Les poulains élevés à l'écurie ne doivent pas séjourner sur le fumier, sous le prétexte qu'ayant encore les pieds tendres ils seraient fatigués sur le pavé.

Cette mauvaise méthode, qui est suivie dans beaucoup d'endroits, est peut-être la seule cause de la mauvaise construction des pieds de beaucoup de chevaux, et il est bien plus difficile de remédier aux vices que les pieds contractent par l'humidité, qu'à ceux qui sont l'effet de la sécheresse.

Il faut les accoutumer de bonne heure, non à être étrillés et bouchonnés, leur peau trop tendre souffrirait de ces opérations, mais à être brossés au moins tous les deux jours. Ce *brossement* doit être fait sur toutes les parties de leur corps et avec douceur. On ne doit pas craindre de leur passer la brosse ou la main sur le dos et la croupe. La persuasion où sont encore beaucoup de gens que cette action les empêche de croître, n'est pas plus fondée que mille autres.

On ne mettra ensemble, autant qu'il sera possible, dans les pâturages, que des poulains du même âge ; on les séparera dès que l'on apercevra qu'ils sentent leur sexe et qu'ils veulent monter les pouliches. Alors on pourra les attacher, et, pour les y accoutumer, on leur mettra quelque temps auparavant le licol seul et sans longe. Ceux élevés à l'écurie seront attachés aussitôt le sevrage.

Ils exigent beaucoup de surveillance pendant les premiers temps qu'ils sont attachés ; s'ils le sont trop court, ils se tourmentent fortement et se fatiguent ; s'ils le sont trop long, ils courent le risque de s'étrangler avec les longes ou de se prendre les jambes, et de se couper plus ou moins profondément. Un palefrenier doit donc constamment coucher dans l'écurie où on les tient.

Ils doivent trouver de l'ombre et de l'eau dans les pâturages, pour se garantir de la grande ardeur du soleil et pour se désaltérer. On ne les y conduira le matin que lorsque la forte rosée ou les brouillards seront dissipés : et il faudra les faire rentrer le soir avant la nuit, à moins qu'ils n'y restent habituellement avec leurs mères.

Plusieurs auteurs recommandent de saigner, de purger les mères et les poulains, de leur donner du foie d'antimoine, etc., lorsqu'ils quittent le pâturage pour rentrer dans l'écurie, au commencement de l'hiver. Toutes ces précautions sont en pure perte lorsque les animaux se portent bien, et même elles les fatiguent inutilement. La nature est le meilleur médecin, et il ne faut point droguer sans motifs. Une bonne nourriture, donnée modérément, et un exercice suffisant, sont les meilleurs préservatifs qu'on puisse employer contre la plupart des maladies.

Les poulains fixés définitivement à l'écurie, auront besoin d'être promenés souvent, d'être maniés, caressés le plus possible ; on leur lèvera les pieds fréquemment, on frappera dessus avec un bâton ou avec un marteau pour les accoutumer ainsi, peu à peu, à se laisser ferrer ; on leur mettra de temps en temps une bride, un harnais, une selle, un bât, selon le genre de service auquel on les destine, et on les leur laissera, de manière à les y accoutumer. Lorsque les chevaux arabes ont eu une fois la selle sur le dos, il ne la quittent plus, même la nuit. C'est alors qu'on peut aussi les dresser au bruit des armes à feu, du tambour, du cor, à la vue des drapeaux, etc.

Il sera facile de les accoutumer promptement à tout cela, si la leçon est immédiatement suivie du repas. Les jeunes animaux ne verront bientôt , dans le bruit qu'on fait autour d'eux , qu'un avertissement que l'avoine doit le suivre incessamment.

CHAPITRE XXIX.

DES ANES ET DES MULETS.

L'ANE, accouplé avec la jument, produit le *mulet*. Le cheval, accouplé avec l'ânesse, le produit également; mais ce dernier, qu'on nomme *bardeau*, est plus petit, beaucoup moins employé, et nous ne nous en occuperons point ici.

La dégénération des races est encore plus marquée dans l'espèce de l'âne, que dans celle du cheval. Il nous est néanmoins bien important aussi de conserver la première, de la multiplier, de l'améliorer et de la régénérer.

On élève et on emploie les ânes dans presque tous les départemens. Quelques-uns en font le commerce; mais un plus grand nombre encore se livre à celui des mulets, et en exporte, comme nous avons eu l'occasion de le dire précédemment, une grande quantité à l'étranger. Il est donc essentiel de relever cette branche de notre économie, dont nous avons déjà montré la dégradation, et dont peu de personnes, en France, se sont occupées utilement.

En vain les anciens réglemens de haras avaient restreint et gêné la propagation des mulets, par des prohibitions, des saisies, des amendes; en vain ils avaient borné le nombre des ânes étalons, et décidé que les jumens de la plus petite taille et de la moins belle conformation seraient seules destinées au service des ânes; en vain ils avaient fixé les provinces où devait se borner le commerce des mulets. L'intérêt, plus fort que la loi, avait éludé en partie toutes ces entraves; mais une pareille gêne ne pouvait néanmoins qu'influer désavantageusement sur les productions, en ralentissant le zèle des cultivateurs; et ce n'était, pour ainsi dire, que furtivement et en contravention aux réglemens, qu'il y avait quelques beaux mulets. Le plus grand nombre était commun et de taille médiocre; et peu à peu les beaux ânes et les beaux mulets diminuèrent et devinrent de plus en plus chers.

Depuis la suppression des réglemens, les circonstances n'ont pas permis de s'occuper de cet objet autant qu'il le mérite, et nos ânes comme nos mulets ont besoin aujourd'hui de toute la surveillance régénératrice que le gouvernement s'est proposé d'exercer relativement aux races de chevaux.

Il faut encourager tous les genres d'industrie; il faut surtout éclairer ceux qui veulent s'y livrer. On tenterait inutilement de forcer les cultivateurs qui trouvent plus de bénéfice à élever des mulets que des chevaux, à faire de ces derniers. On doit donc les mettre à portée de tirer des premiers tous les avantages qui doivent en être le résultat pour le gouvernement et pour eux.

Plusieurs de nos provinces élèvent de belles races d'ânes. La Franche-Comté, le Dauphiné, l'Auvergne, le Languedoc, le Poitou, etc., possédaient les plus recherchées, et faisaient les plus beaux mulets. On ne parle presque plus aujourd'hui de la race des ânes du Poitou, que nous croyons d'autant plus important de faire connaître, qu'elle devient aussi elle-même de plus en plus rare, et qu'elle est la seule en France sur laquelle nous puissions encore fonder quelqu'espoir de régénération. Cette race, qui nous paraît être parfaitement distincte des autres, n'a pas été connue de *Buffon*, qui n'en a rien dit. C'est principalement dans un mémoire publié par le Conseil du roi, en 1717, que nous avons puisé les détails qui lui sont relatifs, détails qui se trouvent confirmés dans les renseignemens communiqués au ministre de l'intérieur par les préfets.

« Il se trouve dans le haut Poitou des *animaux* qui sont presqu'aussi hauts que les plus grands mulets, mais d'une figure différente. Ils ont presque tous le poil long d'un demi-pied sur tout le corps; les boulets, les jambes et les jarrets, presqu'aussi larges que ceux des chevaux de carrosse. On les tient à l'écurie séparément, dans des espèces de loges, attachés avec des chaînes de fer; on ne les fait sortir que pour saillir les jumens.

» Ils sont pour la plupart très-vicieux et cruels. Si ces *animaux* se joignaient ils s'étrangleraient; il n'y a que l'homme qui a coutume de les panser qui ose en approcher; quand ils ont sailli, ils sont beaucoup plus dangereux. On ne les ferre jamais, et ils portent la corne longue d'un pied, ce qui est très-difforme.

» Il y a quelque temps qu'ils étaient d'un prix excessif en Poitou. Il s'en est vendu jusqu'à cinq cents écus pièce ; présentement (1717) les plus beaux ne passent pas huit à neuf cents livres lorsqu'ils sont éprouvés et reconnus bons , si ce n'est quelques-uns que les garde-étalons, à qui ils appartiennent, estiment encore jusqu'à douze cents livres, à cause de leur hauteur, de l'épaisseur et de la largeur de leurs jarrets ; la hauteur toute seule ne suffit pas pour en relever le prix.

» Ceux de poil bien noir sont les plus estimés ; les gris-sales sont les moins recherchés.

» La cherté de ces *animaux* vient principalement de la difficulté qu'il y a de les élever jusqu'à trois ans, n'ayant pas le quart qui arrive à cet âge ; mais aussi, cet âge passé, ils vivent, et servent jusqu'à vingt-cinq et trente ans. La goutte et la morve sont les maladies ordinaires de ces *animaux* quand ils deviennent vieux.

» Ils périssent aussi souvent par les jambes, et deviennent si perclus qu'ils ne peuvent plus sortir de l'écurie. Ils servent par jour huit à dix jumens, quand ils sont bien engrainés ; au lieu qu'un étalon n'en peut servir utilement que deux et trois au plus.

» Il y a des garde-étalons qui ont cinq à six de ces *animaux*, dont chacun peut servir cent jumens pendant le temps d'une monte, jusqu'à l'âge de vingt-deux ans, après quoi ils diminuent de force. Ils sont tous d'un très-grand entretien ; car, pour les bien conserver, on leur donne jusqu'à trois boisseaux d'avoine par jour pendant tout le temps de la monte. Tous ne sont pas également vigoureux ; de dix à peine en trouve-t-on quatre qui servent bien. Quelques-uns ne veulent point de jumens qu'ils n'aient senti une bourrique : ceux-ci ne sont pas si estimés; on ne leur donne pas de bourrique avant que toute la monte ne soit finie, parce qu'ils ne voudraient plus servir de jumens. »

Ces ânes étalons s'appellent communément, dans le pays, *bourriquets*, *baudets*, ou *animaux*. Ce dernier nom est plus particulièrement donné dans les départemens de la Vienne et des Deux-Sèvres à ceux de la race dont nous venons de parler. Leur taille ordinaire est de quatre pieds trois à six pouces, quelques-uns vont même au-delà, et on en a vu de cinq pieds.

Ces deux départemens, principalement le dernier, possèdent encore aujourd'hui cette race d'ânes de la grande taille; mais le nombre en est beaucoup diminué, et le commerce du mulet l'est également dans la même proportion; le prix en est aussi beaucoup augmenté, et il est porté actuellement à trois et quatre mille francs et plus pour chacun de ces *animaux*.

La Provence avait autrefois de très-beaux ânes et de beaux mulets, dont *Quinquerau* a fait l'éloge.

Il y avait dans la Franche-Comté des ânes dont la taille ordinaire était de quatre pieds; ils ont presque tous disparu.

Les moulins de Toulouse, de Montauban et de Moissac étaient encore servis il y a trente ans par des ânes d'une taille et d'une force extraordinaires.

Nous sommes intimement persuadé que les défauts et les vices que l'on reproche aux *animaux* qu'on destine à servir d'étalons, et les maladies dont ils sont affectés, tiennent au peu de soin qu'on leur donne, et à l'éducation défectueuse qu'ils reçoivent; et que, si on se conduisait à leur égard comme avec les chevaux, et comme nous l'avons prescrit dans cette instruction, les résultats seraient les mêmes.

Le commerce des mulets est trop important à une grande partie de la France pour que le gouvernement ne se hâte pas d'encourager de toutes les manières les propriétaires qui se livreront à la propagation de cette belle race d'ânes, ou qui en importeront de propres à améliorer les nôtres pour en tirer de beaux mulets

Quelques parties de l'Italie, l'île de Malte, l'Égypte et l'Espagne, ont aussi de très-belles races de ces *animaux* que nous pourrions importer facilement chez nous. On connaît l'ancienne réputation des ânes de l'Arcadie et de Rieti, et les hauts prix auxquels ils ont été portés. On a vu à l'école d'Alfort un âne de Malte qui était de la plus belle conformation et de la plus grande taille. *Gilbert*, qui était du Poitou, et qui connaissait bien les beaux ânes de cette province, écrivait, étant en Espagne : « Les ânes de l'Andalousie, et surtout ceux de la » Manche, sont les plus grands peut-être qui exis- » tent, s'ils ne sont pas les plus beaux ; ils sont pres- » que de la grandeur des chevaux de ces provinces. »

Mais la grandeur, la force et la beauté des ânes nécessaires pour améliorer nos races, ne suffisent pas pour faire de beaux et bons mulets ; et si le cheval et l'ânesse n'en font que de petits, parce que la femelle ne peut donner à la production tout le développement dont elle a besoin, il en est de même si on donne de trop petites jumens aux baudets. Il faut donc que les jumens destinées à la propagation des mulets soient fortes et étoffées, et toujours plus grandes que les mâles avec lesquels on les accouple. A cet égard, nous sommes également dans le besoin, et les départemens qui se livrent au commerce des mulets se plaignent généralement de la dégénération des jumens, et demandent des étalons propres à en donner qui aient toutes les qualités qu'on désire dans ce commerce. C'est ainsi, comme on le voit, que ces deux branches sont intimement liées, et que la régénération de nos races de chevaux doit influer avantageusement sur celle des mulets.

Les ânes et les mulets exigent les mêmes soins que les chevaux; mais ils sont, en général, plus sobres, supportant plus facilement la faim, sont moins délicats sur la qualité des alimens, soutiennent mieux et plus long-temps la fatigue, ont le pied plus sûr, portent plus lourd, sont moins maladifs et vivent plus long-temps. Les mules, plus dociles que les mulets, nous sont achetées pour être employées en Italie et en Espagne à former des attelages de carrosse et de litière; elles font aussi de très-bonnes montures. Du reste, les ânes et les mulets sont bons à tous les genres de services domestiques; il en est quelques-uns où ils ne peuvent être remplacés par les chevaux, et on les préfère à ces derniers dans les pays de montagnes. On sait combien les mulets sont utiles dans les armées, surtout dans les pays méridionaux de l'Europe, et combien ils le sont aussi dans nos colonies, auxquelles nous en fournissions autrefois ; ils résistent bien plus long-temps à la chaleur que les chevaux.

Les préceptes généraux que nous avons donnés dans cette instruction sur l'amélioration et la régénération des chevaux sont également applicables à celles des ânes et des mulets ; et les détails particuliers de la monte, de la gestation, de l'accouchement, etc., sont aussi les mêmes à l'égard de l'ânesse. Il faut seulement, lors de la monte pour faire des mulets, présenter d'abord à l'âne une ânesse pour le mettre en action : puis on substitue à l'ânesse une jument bien en chaleur, que l'âne couvre avec fruit. Il est quelquefois nécessaire de mettre des *lunettes* à la jument pour qu'elle ne voie pas l'âne étalon qu'elle refuse opiniâtrément. Il en est quelquefois de même de l'âne qui refuse de couvrir la jument lorsqu'il n'a pas les yeux bandés.

Si les coups de bâton qu'on prodigue à l'ânesse après la monte pour la faire retenir ne sont pas plus utiles à cette femelle qu'à la jument, il n'en est pas de même avec l'âne, à qui ils sont souvent nécessaires pour le mettre en action. Nous avons eu occasion de voir plusieurs fois l'efficacité de ce moyen qui, d'ailleurs, est prouvé par l'expérience. On connaît les bons effets de moyens analogues en pareil cas dans d'autres espèces.

L'ânon et le muleton n'exigent pas plus de soins que le poulain ; ils se soutiennent plus promptement

sur leurs pieds que lui, et le muleton est sevré naturellement à six ou sept mois par la jument. L'ânon
tète un an et plus si on le laisse avec sa mère. Il faut
même l'y laisser si on veut faire usage du lait d'â-
nesse, sans quoi il est bientôt tari et supprimé; c'est
sans avoir consulté l'expérience que *Buffon* a dit le
contraire.

On est dans l'opinion, dans beaucoup de pays,
qu'une jument qui a fait des mulets est incapable de
faire des poulains. Cette opinion est sans fondement,
et l'expérience a déjà prouvé un grand nombre de
fois que les jumens pouvaient faire successivement
des mulets et des poulains.

CHAPITRE XXX.

DES PRIX D'ENCOURAGEMENS ET DES COURSES.

————

C'EST en vain qu'on offrirait aux habitans des campagnes toutes les lumières qu'il est possible de rassembler sur ce qui tient à l'amélioration et au perfectionnement des races de chevaux français. Ce moyen seul serait insuffisant s'il n'était réuni à celui que le gouvernement a si sagement adopté, c'est-à-dire aux encouragemens et aux secours qu'il accorde annuellement à cette branche de l'industrie rurale.

Le gouvernement ne s'est pas dissimulé que l'instruction ne peut devenir universelle que par l'émulation, et que l'émulation ne peut être entretenue que par l'intérêt. On dira sans doute que le cultivateur a un intérêt évident à élever de bons chevaux; mais, quelque vrai que cela soit, il y a des circonstances où l'intérêt le plus réel peut être surmonté par d'autres intérêts plus impérieux.

La masse des cultivateurs français avait négligé depuis long-temps *l'éducation des chevaux*, et par conséquent ils n'ont ni augmenté, ni conservé, ni transmis le peu de vraies connaissances qu'on pouvait avoir sur cette partie. On sait que ce genre d'industrie est accompagné de dangers, qu'à la vérité beaucoup de personnes exagèrent, et qui sont toujours plus menaçans pour l'ignorant que pour l'homme instruit. On sait que l'*éducation des chevaux* exige des avances qu'on ne se sent pas toujours en état de faire ; on sait que les bénéfices qu'on peut s'en promettre, quelque séduisans qu'ils paraissent être, sont quelquefois douteux et toujours tardifs. Le gouvernement actuel diffère heureusement encore à cet égard de celui d'autrefois, qui croyait encourager cette branche de l'agriculture par des primes qui ne pouvaient pas même tenter les citoyens les moins aisés, et qui, données avec partialité ou sans discernement, paraissaient plutôt des faveurs ou des aumônes que des récompenses, au lieu que depuis la restauration, le gouvernement du Roi a fixé des sommes assez considérables pour que les primes et les encouragemens qu'il distribue annuellement deviennent réellement un objet d'émulation ; il en résulte que l'appât de ces récompenses, toujours honorables, devient assez puissant pour diriger l'esprit d'une grande partie de nos propriétaires et cultivateurs vers des études qui peuvent les guider dans ces sortes d'entreprises. Il n'est pas douteux que les vues bienfaisantes du gouvernement devraient avoir déjà produit des résultats plus généraux, si, comme nous l'avons déjà observé, le riche consommateur eût employé son argent à l'achat de bons chevaux de son pays, au lieu d'aller en chercher à grands frais dans l'étranger, et de décourager, par cette manie antipatriotique, l'industrie de ses concitoyens. Espérons donc que les mesures toutes paternelles du gouvernement, et les efforts de plusieurs personnes d'influence, réaliseront bientôt les vœux que nous ne cessons de faire pour que la France, dans cette branche de commerce comme dans presque toutes les autres, n'ait plus rien à envier à ses voisins, et qu'elle parvienne à ce point de supériorité où à son tour elle pourra imposer à l'étranger des tributs qu'elle lui paie depuis si long-temps.

Les progrès de l'amélioration et de la régénération des races de nos chevaux se sont accrus depuis que le gouvernement a fixé des époques et des prix pour les courses de chevaux. Cependant il nous a paru que ces exercices n'ont été jusqu'ici que d'une utilité partielle, et qu'ils seraient capables de produire un bien plus général, si le gouvernement admettait toutes les espèces au concours, chacune pour le service dont elle est susceptible.

Les seules qualités auxquelles les prix de courses sont actuellement adjugés, sont la vitesse unie à la durée ; cependant celle-ci est plus essentielle que la première, dont on n'a que rarement besoin. La durée, ou la longueur de la course ou de l'exercice importe essentiellement pour constater la véritable supériorité des qualités du cheval. Nous avons déjà dit que le cheval persan pourrait l'emporter d'abord sur le cheval arabe, mais que, dans la continuation de la course, ce dernier, qui avait plus de fond, regagnait la supériorité qu'il paraissait avoir perdue au commencement. Nous savons aussi que le coursier anglais l'emporte sur ses concurrens pendant un certain nombre de milles, et qu'au-delà il est forcé de céder la victoire à un second qui le devance, et qui,

un mille ou deux après, est à son tour devancé par
un troisième. Il nous paraît donc utile de faire concourir non-seulement pour la vitesse, mais aussi pour
la durée, en proportionnant la longueur de la course
aux forces et aux moyens de chaque race ; de sorte
que, sans exténuer les animaux, elle puisse indiquer
celui qui y résiste le mieux et le plus long-temps, et
qui se ressent le moins de la fatigue qui peut en être
la suite ; car ce n'est pas seulement à la vélocité, c'est
au fond de bonté et à la vigueur que le prix doit ap-
partenir particulièrement. C'est d'après ces considé-
rations que nous aimerions voir admis aussi à concourir à des prix d'encouragemens les chevaux de
trait, cette espèce si utile et si essentielle à l'agriculture, au commerce et à l'art militaire. Nous ne
croyons pas nécessaire de détailler nos vues à cet
égard. Les prix dans les concours de cette espèce
devraient être adjugés à ceux des chevaux ou jumens
qui, destinés à porter ou à tirer des fardeaux quelconques, parcourront le plus vite, au pas et toutes
choses égales d'ailleurs, le même espace de chemin.

FIN.

TABLE DES MATIÈRES.

FIN DE LA TABLE.